U0125059

除了野蛮国家，整个世界都被书统治着。

司母戊工作室
诚挚出品

驾驭电子屏

国际记忆大师的9条健脑秘诀

Skärmsmart

[瑞典] 马蒂亚斯·里伯 (Mattias Ribbing) 著

李婷燕 译

人民东方出版传媒
People's Oriental Publishing & Media

東方出版社
The Oriental Press

前言

玛蒂尔达笑逐颜开地说："我懂了，好神奇！"

她今年上九年级。我接过话头，问她学起来难不难。

"不难啊，只是以前没人教我。"她得意扬扬地回答。

玛蒂尔达刚刚学会了一种新的信息加工方法，可以用来吸收和接纳学校要求学生理解的各种知识。当今社会，每天都有大量信息铺天盖地席卷而来，如何应对是摆在所有人面前的难题，不是只有玛蒂尔达才有此烦恼。怎样才能把握信息浪潮里的无限机遇，从中汲取精华，发挥作用，同时又不会让自己累得够呛呢?

聪明的定义有很多，但我们可以采用最简单的一种：能让自己状态良好就是聪明。这就和付出得到回报一样。变聪明并没有想象中那么难，你很快就会明白其中的道理了。

如今，人们用电子屏接收的信息越来越多。电子屏成了一个媒介，我们用它来沟通、工作、消遣娱乐、学习新技能、发现兴趣爱好、社交、谈恋爱，对电子屏的使用频率也变得越来越高。因此，我们当然希望能好好地利用这种强大的工具。要实现这个目标，就要想办法驾驭电子屏。

工具越强大，我们就越可能反受其害。锋利的餐刀能帮助我们从容地切割食物，但万一割到自己，伤口也会更深。当然，我们不能因此就不再使用刀子了，而是应该学会驾驭它。

想要驾驭电子屏，需要制订合适的计划，并按部就班地执行。乍看上去，这种做法有些死板；但我相信，只要你读完本书的第1章，就会改变想法了。周全的计划能带来实实在在的成果。相信本书的读者都希望得到这样的收获。

当今时代，科技发展日新月异，不断以爆炸般的速度迭代更新。谁也不希望科技发展停滞不前，就算想也不可能实现。无论如何，新技术都会不断涌现。我们能够把握的只有如何利用这些技术。

最近这几年，人们居家的时间变长了，有时甚至无法见面，因此，驾驭电子屏就更加重要了。在我写作本书时，正值新冠疫情肆虐，这导致人们更加关注专业领域和生活领域里的科技了。有时候，全新的智能生活比从前的生活方式更加让人得心应手，但在另一些事情上却并非如此。本书将针对不同的情况进行探讨。

在科技飞速发展的今天，我们可能会蓦然发现：新技术出现后，自己总是照单全收。首先是互联网，然后是电子邮件，接着是智能手机和社交媒体。我们还没来得及想出相应的使用策略，这些科技已经迅速融入了日常生活。最近这几年，我们甚至根本不需要策略了。收到电子邮件，就直接回复；出现了新的社交媒体平台和交友方式，就直接拿起来用。

但最近有人指出，我们的选择太多、更新节奏太快，根本不可能对眼前的所有选项照单全收。今天我们打开收件箱时的感受，已经和初次拥有电子邮箱时的激动截然不同；在朋友圈获得点赞后的心情，也和第一次用发布照片的方式与他人交流时的兴奋相去甚远。是时候制订计划，重新开始了。

过去，我们不需要任何策略，但现在不一样了。这就是我们必须学会驾驭电子屏的核心问题所在。科技公司并不总是根据我们的具体需要来设计产品，我们不能全然地信任它们。应用开发者设计的功能未必能够贴合用户的需求，这种风险永远存在。驾驭电子屏，就等于由你自己来掌握人生的方向盘，从而提升幸福感，让你实实在在地行动起来，自己掌舵，按自己的想法来决定人生方向，而不是像个紧张兮兮的乘客那样，别人让你去哪儿就去哪儿。

一直以来，我都惊叹于简单而精巧的策略能够带来的卓越成效。我热衷于学习和教育。28 岁那一年，我决定开始学习大脑的工作方式。通过研究，我找到了掌握新信息的最佳策略。我相信，大脑的一般特性是每个人都拥有的，谁都可以通过学习发挥大脑的最佳潜能。

一年后，我成了瑞典记忆大赛的冠军。认识我的人都知道，我和别人并没有什么不同。在学校里的时候，我的成绩并不突出，也不是什么天赋异禀之人。但我讲究策略，而且懂得如何训练自己的大脑。

几年后，我获得了“世界记忆大师”的称号。其中有个比赛项目类似于一小时记数游戏。比赛时，选手会拿到一沓纸，上面写满了无穷无尽的随机数字，数量远远超过任何人的记忆极限。选手要在一小时内尽可能多地按顺序记住这些数字，计时结束后，再用纸笔写出自己记忆的内容。准确性是关键，任何遗漏或错误都是严重的扣分点。我的最好成绩是在一小时内正确写出了1060个数字，刚好超过了得到“世界记忆大师”称号所要求的1000个数字。

之后接近10年的时间里，我一直在训练成人、青少年、儿童，向他们传授日常生活中的用脑方法，以此作为自己的全职工作。一般来说，青少年的学习目标是取得更好的学业成绩；成年人则可能是为了在职场上获得优秀的绩效，以及更好地与家人相处。

虽然我写了本叫作《驾驭电子屏》的书，但电子屏对我而言并不是有利无害的，希望你不要对此产生误解。我非常容易养成坏习惯，然后又会为了克服坏习惯而折腾自己，正因如此，我才决定深入研究这个课题。如果没有合适的策略，技术会让我迷失方向。其实，即便找到了合适的策略，有时候我还是会迷失。

就算我掌握了书里的各种技巧，依然无法成为一个完人，你也一样。这是理所当然的。如果不去追求完美，人生将会更加轻松有趣。

但我可以保证，阅读本书就像是一场冒险，会对你的人生产生宏观和微观上的影响。不管你是希望实现某些具体目标，还是想要应对压力、提升总体幸福感，一切的关键都在于大脑如何加工新信息。如果你希望在这个电子屏的世界里改善家庭生活，方法也是一样。简单而精巧的策略能够带来卓越的成效，这一点适用于生活的各个领域。

现在，找个舒服的姿势，让我们马上开启探险吧！

健脑秘诀

是因为焦虑、压力而身心交瘁，还是云淡风轻地享受快节奏的生活？二者的区别在于有没有制订合适的计划。我甚至认为，驾驭电子屏是当今社会的必备技能。因此，我在写作时很少使用“策略”二字，而是采用“健脑秘诀”这个概念。

这并不是要鼓励所有人保持一致。相反，我希望你能拥有更多选择。这样一来，你就能根据自己的具体需要来发挥科技的作用了。量身定做是我们的出发点。你会越来越了解电子屏，收获学习的果实，还能为亲朋好友出谋划策，帮助家人驾驭电子屏。

新技术的利弊一直是人们争论的焦点。双方的观点大都很极端：“科技恐惧症”患者企盼着尽可能杜绝使用电子屏，而智能技术的拥趸则希望把电子屏应用于所有沟通场景。但是，假如我们的目标是让电子屏发挥最佳效果，就必须具体情况具体分析，不能陷入非黑即白的极端。

科技的飞速发展让这类问题的研究者很难跟上节奏。待到研究发表之日，其中涉及的算法、平台早已发生了改变，新的应用模式也已经出现了。

另一个难点是，如果用大规模调查的方法来研究平台对用户造成了哪些影响，测量到的只是平均值。当然，这类研究很重要，本书也引用了好几个这样的大规模研究。它们可以说明主体趋势，提醒人们特别注意某些使用习惯。但我们毕竟是独立的个体。同样的使用习惯可能会给某些人带来负面影响，同时又会让另一些人获得进步、从中受益。因此，知识应当被应用于每一个个体。与大规模调查相反，纵向研究能告诉我们如何获得幸福，但等待结果的时间太长了。

虽然一些应用和平台的作用还有待深入研究，但我们已经知道了如何发挥大脑的作用，让自己感觉良好、表现出色，这将是本书探索的出发点。书中介绍的 9 条健脑秘诀适用于所有人。只要遵循这些方法，我们就能调整对技术的使用方式，使其符合大脑的工作原理，从而让电子屏充分发挥作用，甚至达到事半功倍的效果。但我们首先必须明白，科技与我们的目标、愿望并不是对立的。

人们常说生活需要平衡，电子屏的使用方式也同样需要平衡。但这到底是什么意思呢？就像“保证充足睡眠”“定期锻炼身体”之类的话一样，这些老掉牙的人生智慧每个人都已经滚瓜烂熟了，根本起不到任何作用。

我要说的不是这些，而是会提出一些全新的观点。如果它们能颠覆你现有的认知，那么你希望做到的改变就会更容易实现。促成改变的不是建议本身，而是通过建议传递出来的教育观点。我们将会讲述所有的要点，学习新方法，获得真正的平衡。希望你能切实地有所前进，让大脑在智能时代迸发新的生机。

电子屏的重要作用体现在现代生活的诸多领域，它协助我们创新，也让我们养成了糟糕的行为习惯。其实，打电话或面谈同样也会导致上述问题。因此，我们不能仅仅关注“屏幕使用时间”的有关指标，而应该更加深入地探索。成年人很少会将电脑前的工作时间与晚上看电影的时间相提并论。本书将要探索对幸福感具有重要影响的各个生活领域，让电子屏这种强大的工具发挥作用。我们甚至可以称之为“驾驭生活”，而不仅仅是“驾驭电子屏”，因为电子屏就是当今生活的真实写照！

全书结构

与有些书籍只关注幸福感的某一个方面不同，本书收录了各相关领域专家提出的新鲜观点和实用技巧。将这些不同的领域放在一起，可能还会碰撞出意外之喜。就拿本书的前 4 条健脑秘诀来说吧，这 4 条秘诀是按照特定的顺序编排的，如果不了解前 3 条秘诀，就很难理解第 4 条。

本书涵盖了各领域的健脑秘诀，这些方法相互支持，有朝一日便能融会贯通。过去，你可能很难真正行动起来，训练自己。也许这只是因为你需要按照某条健脑秘诀做出一点小小的改变。这样的编排方式也可以帮助我们形成全局思维。有时，我们很容易纠结在某个领域的细节里，可能是运动，也可能是思维技巧，认为把握了这个细节就能解决所有问题。这种想法大错特错。

你也可以一边学习本书的各种技巧和观点，一边积攒“大脑积分”。我在每章结尾设置了“大脑积分自评”，每完成一项任务，就能得 1 分。每条健脑秘诀的总分都是 11 分，初级 5 分，高级 6 分，全书一共 99 分。请不要急功近利，希望在短时间内拿到满分。可以将奋斗目标设置为获得满分的一半，这样对初次尝试的帮助会更大。在攒分过程中，无须遵循固定的先后顺序，可以从自己喜欢的任务开始。这只是个有趣的挑战，完成方式并没有严格的限制。我希望大脑积分自评能鼓励你以正确的方式尝试各种策略，看看这些策略到底会产生怎样的结果，然后再自行决定要继续还是放弃。

大脑积分并不能反映你的智商。每项任务都很容易，人人都可以做到，但有些任务的确需要一点魄力才能完成。这种自评谈不上准确，更算不上完美。我们也可能会断断续续地完成某些任务，因此，随着时间的推移，任务结果也会不一样。本书的目的并不是让人颜面扫地，也不是教育别人怎样生活。我们都是独立的个体，可以自由选择无视某些观点，或是采纳自认为合适的观点。我说过，希望能让你拥有更多的选择，其中一些选择你之前甚至可能根本意识不到。

这个得分能反映出你有没有给大脑一个机会，让它发挥高效的作用、达到良好的状态。同样，得分也能成为一个指标，帮助你发现自己是否忽略了什么重要的东西。如果是这样，你只要简单完成几个步骤就能受益匪浅。得分还能帮你找出自己隐藏的力量。每天最多完成一项任务就可以了，不必操之过急。有的任务则需要更长的时间才能完成。

本书的主要观点是以科学研究为依据的，但大脑积分并不是。所以不必对得分太较真！这只是我设计的一个趣味游戏而已。你可以准备一个好用的笔记本，放在手边，边读书边记下脑海里出现的各种想法，或者为自己设计改变生活的各种挑战。当然，笔记本也并不是必需品。

真正关键的是，保持好奇。现在，找个舒服的姿势坐下，准备好迎接改变生活的新观点，让我们开始吧！

目录

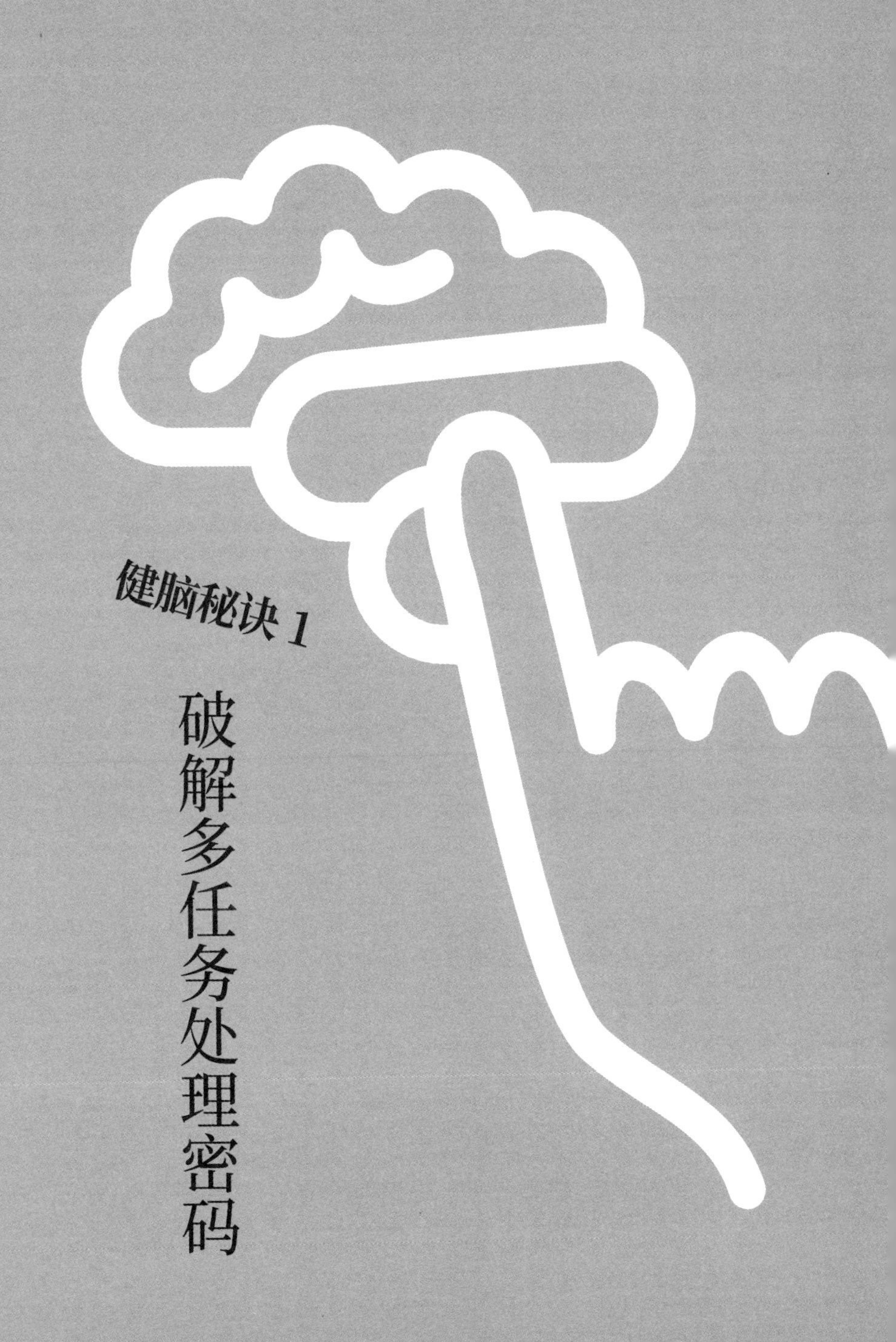

健脑秘诀 1

破解多任务处理密码

信息瀑布与厨用漏斗

每天，新信息纷至沓来。新技术和定向直媒体频道让我们接收到的信息极具相关性、诱惑性和实用性。如果将这些东西比作信息雨，那么多年以来，毛毛细雨已经发展成湍急的信息瀑布了。

互联网出现后，我们在接触知识、新闻、观点、人群时几乎打破了一切限制。这为人类发展带来了神奇的机遇，帮助我们实现了各种此前难以想象的梦想和目标。

在过去 10 年里，互联网进化成了移动互联网，信息雨的强度只增不减。为了短平快地吸引我们的注意力，如今的每一滴雨水都是为我们量身定制的。雨滴汇聚，形成了信息的浪潮。我们希望驾驭这惊涛骇浪，一旦成功，我们就将无所不至、无所不能。但是，海量的信息也会让我们应接不暇，随时可能沉入水底。我们努力应付着加工信息的重压，哪怕奋力踩水，也只能勉强让鼻尖露出水面。

我们当然无法掌控所有的新信息，也无法穷尽信息背后的无限可能。你可以将大脑比作一个小小的漏斗，就是厨房里那种用来往瓶子里灌东西的工具。在信息雨中，我们拿出漏斗，收集了一些雨滴，然后移动漏斗，收集另一些雨滴。但在同一时间里，漏斗只能出现在某一个位置。同时关注多个任务的现象被称为多任务处理（multitasking），但这只是一种假象，我们的大脑实际上是无法做到这一点的。

“多任务处理”这个术语出现在 20 世纪 60 年代，指电脑同时处理两项或多项进程的功能。而人脑的操作实际上更接近于“任务切换”，也就是在不同任务之间移动漏斗。这种移动的速度很快，所以我们自己很难察觉。

我们当然可以同时完成两个任务，但前提是其中一个任务已经自动化了，不必多加关注。比如，我们可以边洗碗边听播客，边散步边聊天。然而，如果加工的信息同属于某一种类型，漏斗的功能就极其有限了。我们不能同时戴着两副耳机听两个播客；哪怕有两只手，也不能同时创作两个故事。稍微尝试一下就能发现，来回横跳的漏斗会让人崩溃。

如果你的工作需要用到电脑，对于每天坐到工位上开始工作的情形，相信你一定已经轻车熟路了。你可能要准备一个重要的会议，于是打开文件开始写写画画。但在着手做这件事之前，你瞥了一眼收件箱，发现一封邮件，关系到下周即将启动的某个项目。你马上开始回复邮件，刚写了几行字，口袋里的手机就开始振动。原来是同事发信息给你，请你帮忙处理一位客户的投诉。你又开始回复同事，刚写了几个字，突然意识到实际上他离你只有几步之遥。你起身走向他，这时，手机又开始振动了。你正在上班，而这可能是个私人电话，所以你决定先不管它。走到半路，你又停了下来，万一是要紧的事情呢？你拿出手机，发现是一封工作邮件。问题很简单，只要马上回复就好。你回到座位上开始写邮件，写完之后，起身继续忙碌。半小时后，你已经处理了好几件事情了，突然想起还要准备开会。啊，又来不及了！

也许你在工作时并不会出现上述情形，那么你可以想想另一些需要快速切换任务却不会被察觉的日常情境。人们对这个被称为多任务处理的过程会带来什么影响开展过许多研究。观察发现，工作场合中的多任务处理会让高效工作时间减少 40%。[1]

也有人研究了学生在学习过程中的多任务处理。其中一项研究共 1834 人参与，调查了学生的学习习惯和电子产品使用习惯，结果发现，糟糕的学业成绩与多任务处理显著相关，尤其是一边学习一边使用社交媒体、发送短消息的学生，成绩会更差。[2]

另一项研究观察了 263 名学生在 15 分钟内完成家庭作业的情况，同样发现一边学习一边使用社交媒体与糟糕的学业成绩显著相关。学生的注意力在学习和电子产品之间切换，专注学习的平均时长不到 6 分钟。使用了特殊学习策略的学生则更容易保持专注。[3]

在学习时进行多任务处理的长期影响很难评估。不过，近期开展的研究采用了更多细分指标，研究方式也不再局限于单一的自我评估。2019 年，一项研究对 84 名韩国大一新生进行了长达 14 周的观察。为了得到准确数据，研究者利用一个手机应用记录了学生们在课堂上使用手机的情况。他们发现，学生使用手机的时间超过了上课时间的四分之一，平均每 3 ～ 4 分钟就会因为使用手机而转移注意力。而且学生使用手机的时间越长，成绩就越差。[4]

研究者还检查了频繁进行多任务处理的人的大脑，发现他们的前扣带回灰质较少。[5] 前扣带回的主要作用是调控注意力与情绪，此外也负责解读模糊信息、评估决策过程中的期望效益。

但是，的确有些人很擅长任务切换吧？那么我们是不是也可以推测，频繁练习多任务处理能够提升这种能力呢？斯坦福大学的一个研究团队试图找到这个问题的答案。研究者设计了一系列测试来研究习惯进行多任务处理者的优势，包括过滤无关信息、在不同任务间快速切换等能力。然而，研究结果意外发现，这些声称擅长多任务处理的人在所有测试项目上的成绩都是最糟糕的。[6]克利福德·纳斯（Clifford Nass）教授是该研究的参与者之一，他是这样评论这一研究结果的：

> 我们意外地发现，（频繁进行多任务处理的人）在多任务处理的所有必备能力上都表现得很糟糕。[7]

媒体多任务处理

“媒体多任务处理”即同时使用多种媒体流，这会造成注意力的快速转移。例如，一边玩电子游戏一边观看网络视频，或是一边看电影一边刷朋友圈。研究证明，频繁、广泛进行媒体多任务处理的人，其长时记忆、冲动控制、工作记忆能力都会更差，哪怕是在不涉及多任务处理的情境中也一样。[8]在另一个对比学业成绩的研究中，研究者发现糟糕的学习成绩与使用常见的社交媒体之间并不存在相关关系，但与媒体多任务处理显著相关。[9]另有研究调查了大学生的幸福感与媒体多任务处理的关系，发现两者存在显著相关：在重要的社交活动中，媒体多任务处理与糟糕的社交表现具有相关性；而在看电视剧这类休闲活动中，媒体多任务处理与更高的社会地位和被同辈接纳具有相关性。[10]

如果你已经习惯了媒体多任务处理，可能就会遇到一些问题。把本书中的其他健脑秘诀联系起来看，这一点会更加明显。例如，需要改善亲密关系时，你很容易在和对方亲密对话时开始进行多任务处理，这就可能会让你跟不上谈话节奏，让对方感觉受到了忽视，甚至会让你再也得不到亲密对话的机会。在后文我们讲到超常刺激时，还会讨论另一种显著的关联。

如果本书只能提供一条驾驭电子屏的诀窍，来帮助你获得成功和幸福，我会建议你停止媒体多任务处理。请不要误会，偶尔进行媒体多任务处理并无害处，但如果在你意识到之前，“偶尔”已经发展成了习惯，那问题就大了。

戒断媒体多任务处理能让你完全沉浸在单一的媒体流里，养成健康的使用习惯。如有必要，你可以花更多时间来玩游戏、使用社交媒体、看视频，但务必不要同时进行。给自己一点挑战，看看自己的上限到底在哪里。回答以下问题也许能有所帮助：我想成为哪种人？我花在朋友身上的时间和我希望他们花在我身上的时间一样多吗？我想要活在当下吗？我想要拥有正常的短时记忆和长时记忆，直面生活挑战，实现人生目标吗？

最重要的是，在不同任务之间来回移动漏斗会让你疲惫不堪。停下手里的事，打开微博瞥一眼，这样做可能会让你得到片刻的奖赏，但奖赏与休息是两回事。一整天都在切换任务，很容易令人心力交瘁。

也许你有着截然不同的工作体验，感受过妙不可言的心流。也许某一天，你上班到得比较早，在办公室开始繁忙之前就坐了下来，准备处理这周要完成的报告。你打开文件，写下自己的想法。开头起得不错，你文思泉涌，一发不可收拾。优美的语句浮现在脑海中，你情不自禁地微微一笑；崭新的思路蓦然涌现，你喜出望外，迫不及待地把它们记了下来。你突然抬起头，发现办公室里已经如火如荼。看到刚进门的同事，你当然也会点头问好，但很快就又回到了自己的工作中。你抬头看了看时间，惊讶地发现自己已经专注地工作了将近两个小时。虽然精神高度集中，但你一点儿也不觉得累，起身休息时，甚至会感受到一种久违的活力和暖意。

想要破解多任务处理密码，就要和扑面而来的所有信息建立新的关系。以前的你可能从来没有制订过计划，但现在你需要这样做了。一旦有了计划，你就能从当今世界的无限可能中获益，像冲浪高手一样驰骋信息浪潮。多任务处理对其他健脑秘诀都有影响，并且会榨干我们的精力，因此我将它作为第一条健脑秘诀，希望以此为起点。这样做的好处是效果又快又明显，很快就能挽回多任务处理所浪费的大量精力。你会迅速发现，自己获得了超能力！

我们能在不同任务间快速转移注意力，这是一种特性，而不是一个漏洞。人类的大脑十分敏捷，我们应该对此感恩。要不是大脑赋予我们的灵活性，人类是很难顺利通过历史上的各种考验的。4 万年来，尽管我们创造了先进的文明，获得了辉煌的科技成就，但人脑并没有出现显著的进化。

想想几千年前。假设我们在草原上席地而坐，在篝火旁专心地烹饪着食物。突然，身后的灌木丛中传来沙沙的声响。我们以迅雷不及掩耳之势转过身去，将注意的漏斗移到了灌木丛上，全神贯注地盯着它。这一切不过发生在毫秒之间。声音可能来自危险的捕猎者，让我们遇到致命的危机；也可能来自性情温和的动物，说不定能补充我们的食物储备。不管是什么，我们都必须立刻采取行动。但这次的元凶是风。我们冷静下来，将漏斗还给篝火和烹饪，继续沉浸其中，感受心流。

在现代社会，我们身边并没有会突然沙沙作响的灌木丛，但也有着各种潜在的危险或奖赏，它们形成了大片“灌木丛”，不停地沙沙作响。要是对听到的所有声响都做出反应，我们会心力交瘁。但是，现代职场需要我们有能力、有时间去快速应对所有挑战。幸而，还有一种聪明的办法，能让我们在专注工作的同时，以开放的心态面对发生的一切。

集中注意力的杀手锏：单点清单

下次上班，即将在日复一日中再次开始平凡的一天时，请你先写下当天要完成的首要任务，可以是具体工作，也可以是将要开展的项目。你可能认为这个要求有点过分，毕竟对于大多数人来说，难道不是每天要完成的重要任务都有三十多件吗？这当然有可能。但是，在你走进办公室的那一刻，总会有一件事比其他事情更加重要。

开工的第一件事，就是要在便笺纸上写下当天最重要的任务，然后将便笺纸贴在工位上。请写在纸张上，而不是仅仅记在心里或保存在电脑中，这一点非常关键。

然后，开始完成这项任务。这就是现在最重要的事情，对吧？

毫无疑问，你的漏斗早晚会被其他事情吸引，可能是某个走进办公室寻求帮助的同事，也可能是别的事。不要紧，去帮忙就是。但在做完以后，你非常清楚地知道漏斗需要回归的终点：单点清单。这项任务完成后，在新一页便笺纸上写下新的任务。工作过程中，你的漏斗会不停受到诱惑而产生偏离，可能因为一通电话、各种会议，或是其他临时任务。但忙完这些事情之后，你自始至终都很清楚漏斗要回到哪里，这就是最大的区别，也是你训练自身注意力的开始。这种训练能帮助你提升思维韧性，更好地保存精力和抵御疲劳。

千万不要只把某个任务完成了一点点，便任由其他事把漏斗带走，放下手里的任务去做另一件事，然后又在第三件事把漏斗拐跑后放下第二项任务，如此周而复始。谁都不希望自己只是完成了一些零零碎碎的工作。那样的话，我们便永远只能追着漏斗跑，永远不能按时履行承诺，永远受制于那些在灌木丛中沙沙作响的始作俑者、攫走注意力的元凶，永远疲于奔命。在这种状态下，人的精力就像是筛网里的沙子。反过来，如果使用单点清单进行工作，只看到写在纸上的一项单一的任务，这会让你的大脑感到踏实。以前那种仿佛没有尽头、永远做不完的任务清单消失了，现在再工作起来真是得心应手。只要你清楚当前最重要的是什么，就不用对接下来的事情忧心忡忡了。有了这种方法，我们也不必再把自己和外界完全隔绝开来，哪怕出现了意外状况，就算先去处理一下也不会导致糟糕的结果。

这也许就是精神疲劳的核心。近年来，我们都会听说良好的饮食习惯、有规律的体育锻炼、充足的睡眠对保持精力非常重要。它们当然很重要，能帮助我们长期、持续、稳步地提升精力，后文还会深入讨论这些话题。但现在我要指出的是，我们使用注意力的方式对精力来说更加重要，学会更好地控制漏斗能立竿见影地提升精力。

少跑了几回步、多吃了一点儿垃圾食品，这些都不太可能导致精神疲劳。但如果要同时完成三十多项同等重要的任务，大脑会束手无策。我们希望同时完成所有任务，但这是根本不可能的。也就是说，同时完成多个任务有悖于大脑的机能。如果每天 24 小时地纠结于这些问题，我们必然会心力交瘁。还好，我们能在顷刻之间扭转乾坤！试试单点清单，保证你在使用的第一天就能感受到精力的提升。

如果你在工作时并不需要使用电脑，或是像医护人员一样无法决定自己的工作内容，那么在应用单点清单时，就要关注工作的方式，而不是内容。你可以默念工作中的重要注意事项，如：专心听人讲话，或是写处方要格外仔细。如果你的工作需要大量肢体运动，单点清单上的内容则应该是一个有趣的挑战，比如要百分之百准确地将打包箱放回原位。

研究发现，这种难度不高的挑战对单调乏味的工作非常有帮助。这些练习能提升员工对工作的满意度和对自我能力的评估。[11]

在快节奏的工作环境中，无法立刻确定哪项任务最重要也是一个难题。各种任务看上去都很重要。遇到这种情况，就更要使用单点清单了。你可以先跟上级或团队成员聊一聊，找出最优先的任务，在当今的信息浪潮时代，这样做尤为重要。我说过，其他健脑秘诀中的每一条几乎都会涉及多任务处理。如果希望自己状态良好、表现优秀，或至少不会因为当代的快速工作节奏而精疲力竭，我们就一定要清楚什么最重要。当然，有时任务的优先级也会发生改变，而单点清单的关键就是把它找出来。有了单点清单，我们就可以暂时放下手头的工作，先去处理紧急的事；然后在单点清单的帮助下，快速重拾注意力，不让它跑得太远。或许，你的第一张单点清单上应该写着：立刻找出最重要的任务。

抗干扰的超能力

第一次接触记忆比赛时，让我震惊的不仅是选手们的记忆容量，还有完成各项任务所需的专注程度。这一点在一眨眼就结束了的冲刺比赛中表现得更为明显。举例来说，假设有一副洗过的扑克牌，必须尽快记住52张牌的顺序。我的正式纪录是79秒，每张牌大约耗时1.5秒，中间没有任何停顿。我们现在先不谈记忆术，只聊聊这个过程对注意力的要求。漏斗必须牢牢锁定在那副牌上，稍有偏离，产生了晚饭吃什么之类的无关想法，那就完蛋了，不仅会耗费时间、影响得分，甚至可能让人直接放弃比赛。比我完成得还快的大有人在，但我的成绩已经远远超出了预期，因为我学会了训练自己的注意力。

我利用一个非常简单的电脑程序，在屏幕上随机呈现两位数数字，每个数字会在视野中停留几秒，然后被新的数字替代，循环往复。我给自己设定的目标是尽可能把注意力锁定在数字上，记住它们。一旦发现自己开始思考别的事情，我就要把漏斗移回数字上。经过训练，我的成绩逐渐提高了。

这说明我应该提高难度了。因此，在努力专注数字的同时，我开始大声播放干扰音乐。任务难度确实因此增加了。音乐能快速诱发各种联想，拐走漏斗，令我的成绩大幅下跌。但我没有放弃，当注意力摇摆不定时，我仍会努力找回漏斗。难度虽然增加了，但我的速度也开始加快，成绩再次得到提升。这个过程虽然缓慢，但进步非常明显。

值得一提的是，平缓的音乐或其他白噪音能覆盖环境中让人分心的声响，帮助我们提升专注力。研究指出，平缓的纯音乐比有歌词的歌曲效果更好，而清晰的人声干扰作用最强。[12]

用干扰音乐训练了一段时间之后，我决定进一步提升难度，开始大声循环播放人们谈话的录音。为了给自己来点儿硬核的挑战，我找来网上最有意思的纪录片，在努力专攻数字的同时大声播放视频。听到人们在视频里谈论各种趣事，我开始心不在焉，成绩也一落千丈。但这次我仍然没有放弃，继续努力把漏斗移回数字上。我的成绩终于开始提升。之后，我又坚持训练了一段时间，成绩也恢复到了安静环境下的水平。

这几周的训练成果直到现在依然有效，我仿佛获得了超能力。我很清楚自己随时都可以变得专注，无论周围的环境中有多少干扰。哪怕周围闹哄哄的，或是有人在高声谈话，对我也没什么影响。

这看起来像是极端版的干扰训练。但仔细推敲就会发现，单点清单的工作原理与屏幕上的数字完全一致。有了这个固定点，你就永远都很清楚自己的漏斗应该回到哪里去。

如今很多人都在开放式办公室里工作，近几年来，这种工作环境成了新潮流，有人声称它能促进员工的互动、提升创造性，但我估计很多读者的观点都恰好相反。近年来的各项研究结果已经验证了这种直觉。

2018 年，哈佛大学的研究者开展了一项大规模研究，追踪调查了两家公司中的 150 名员工。这两家公司都即将搬迁到开放式办公室。所有被试都穿戴了传感器，用来记录社交互动，如眼神接触、谈话、肢体距离等。搬迁之前，对这些员工进行了三周的测试；搬迁之后，又进行了三周的测试。研究结果表明：员工间的直接互动大幅降低了 70%；而电子邮件的使用量增加了 22% ~ 50%。这一结果令人震惊。

研究团队是如此评论该结果的：

> 总的来说，开放式办公的设计非但没能促进鲜活生动的面对面合作，反而导致人们回避同事间的社交，转而使用邮件和短消息进行互动。[13]

相信你也发现了，开放式的工作环境很容易让人分心。当我们准备做点什么的时候，余光里总有人来回移动，噪声的音量通常也不低，并且总有人走到我们身边来寻求帮助或是说些有的没的。

这些事情会消耗人的大量精力，并导致机体产生长期损耗。但是，天无绝人之路。在这种情形下，如果使用单点清单，就能将困难转变为优势。周围的各种干扰反而会让你变得更强，提升你的抗压能力。这和我故意增加干扰的原理是一致的。区别仅仅在于你的工具不是屏幕上的数字，而是单点清单。

想要变得更强，就必须承受一定的压力。这和体育锻炼的原理是相同的。肌肉承受了压力，导致暂时崩溃，然后才会重新成长得更强壮。但错误的举重练习会导致肌肉损伤，注意力也同样如此。如果漏斗找不到回归的固定点，这些压力就会带来负面影响，让你精疲力竭。

让每一天不只 24 小时

接下来，我们将把漏斗升级，介绍一种新工具来让每天的时间变得更长。这真的能做到吗？我们当然没办法延长物理意义上的时间，但可以通过有意识地改变时间知觉来实现这一点。当你回顾今天完成的任务时，会发现自己似乎比其他人拥有更多时间，就好像施了魔法一般。这是可以实现的，也是可以精准地测量到的。

接下来要介绍的这种工具帮助我完成了人生中最难完成的任

务，也彻底改变了我对高效工作的理解。我的挑战往往都和书稿的截止日期有关。由于我是个沉迷各种指标的书呆子，所以一定得知道自己平均每天写了多少字，包括空格在内。如果写作主题有了眉目，我就能对完成写作总共需要的时间估计得八九不离十。这种办法在我写前两本书时很管用，但后来就失灵了。家里的人口越来越多，我需要同时完成的工作也越来越多，突然发现自己没办法在承诺的期限内完成任务了。我四处寻医问药，无意之间发现了这个工具。现在，我平均每天写的字数是之前的两倍，真是不可思议。

这个工具就是番茄工作法。接下来我将介绍如何使用这种工具。不过，要是这个方法真的这么管用，为什么如此灵丹妙药却没有尽人皆知呢？毕竟它已经问世三十多年了。待会儿我会详细介绍它的使用方法，听完后，你可能会觉得平平无奇，而这就是它时至今日依然籍籍无名的原因。人们会想："这看起来没什么用啊。"然后就不再坚持使用这种方法了，大多数人向来如此。但如果你放手一试，在初次尝试时就会体验到惊人的效果。接下来要介绍的具体方法非常重要，我们必须按照正确的步骤来操作。

如果你有一项需要独立完成的任务，就可以应用番茄工作法。无论这项任务是乏味无趣还是困难重重，这种方法都能派上用场，对容易拖延、令人焦虑的任务尤其管用。首先，准备一个计时器，将其设定为 25 分钟。接下来，用这 25 分钟完成任务，其间不能有任何分心。将手机设置成飞行模式，并将无关的电子邮件、网页统统搁置一旁。我向你保证，这样做完全不会出问题。据我所知，没有人曾经因为使用番茄工作法而造成损失。

计时结束后，马上进行 5 分钟的“强制休息”。最开始，我确实需要强制自己这么做。我向来不喜欢中途休息，最起码在完成困难任务的时候不行。过去，为了保持专注，我会一直干到把事情完成为止，然后才会休息。但我们应该重新思考一下这种工作方式了。为什么呢？接下来你就会明白。

休息时也要计时。计时结束后，再进行新一轮 25 分钟的番茄工作法。完成 4 轮 25 分钟的工作，并在其间穿插 5 分钟休息，然后至少休息 15 分钟。如有需要，再重复以上步骤。

一旦开始使用番茄工作法，我立刻发现自己的大脑出现了改变。这种改变非常明显，但起初我并不明白为什么会这样。使用这种方法后，即使在工作过程中保持高度专注，我也不会觉得疲劳了。以前，我总是不停地写啊写啊，直到几小时后自己被完全榨干了才会停下来。而现在，我能迅速进入超级心流的状态，想要保持多久就能保持多久。休息也压根儿不会造成干扰。要是没有其他任务，我一天能轻松完成 20 轮番茄计时法，相当于用差不多 11 个半小时来写作，其中包括 1 小时的午饭时间。偶尔，我会要求自己完成 32 轮番茄计时法，也就是从早上 6 点工作到第二天凌晨 1 点，其中包括两次用餐时间。尽管如此，工作质量依然可以得到保证。

想要达到这种状态，需要注意一些细节，其中一条就是在计时结束后必须马上放下手里的工作。哪怕我正在沉思，认真推敲着某句话该怎么写，甚至哪怕某个字正写到一半，我也不会继续下去。当 5 分钟休息时间结束后，新的 25 分钟又开始了。我坐回电脑前，看着写了一半的句子，想要补全它非常容易，我不需要热身，就能重新回到高度专注的状态。平时，我们总是一板一眼地把所有工作做完后才让自己休息一下，这种常规的工作方式与番茄工作法截然不同。当你回到座位上准备开启新的工作任务时，不可避免地要先去东瞧瞧、西望望，以至于在真正开始工作前，已经过去很长一段时间了。

也许你有时也会需要克服种种困难，在约定期限内完成任务，可能是工作任务，也可能是考试。这类任务难度较高，需要重复多轮番茄工作法，在这种时候，充分利用 5 分钟的休息时间非常重要。起身随便走两步，尽可能让脑袋空空如也，或者漫无目的地眺望窗外，这些都是非常简单的休息方式。任由漏斗随意驰骋，不要让工作盘踞在脑海里。在高度专注过后，这种做法能帮助大脑充分休息。当休息结束，继续开始工作时，漏斗会渴望回归专注的状态。也就是说，我们只要遵守计时器的指令，让它指引大脑完成任务就可以了，不必强迫自己，一切都非常容易。

番茄工作法的名称来源于意大利语“pomodoro”（番茄）。这种方法起源于意大利，意大利人的厨房里广泛使用的计时器是番茄形状的，而不是鸡蛋的形状。

对大脑来说，这种方法就像是含有强效成分的鸡尾酒，但如果你稍有疏忽，就容易忽略其中的细节。这种方法的另一个好处是，我们不必一直决定要做这做那了。如果没有计时器，我们在工作过程中肯定会出现注意力不集中的情况，然后就会开始犹豫要不要停下来做点别的，或者干脆休息一下。有时你也许会突然心中一动，想要掏出手机浏览网页来打发时间。这时候，不管是任性而为还是自我约束，我们都必须一次又一次地做出决定，就算是在心痒之后选择了压抑内心的冲动，也是一种决定。这就形成了某种意义上的任务切换。旁观者可能看不出端倪，但这些事情依然会消耗我们的宝贵精力。

不知道你有没有出席过这样的场合，在开会时，有时桌上会摆着一盘香气四溢的纸杯蛋糕。这时，你可能会决定不吃蛋糕。其他参会者都觉得你非常自律，甚至都不拿正眼瞧那些蛋糕，但是你的内心中可能正在上演着完全不同的戏码。不吃蛋糕的决定并不是那么斩钉截铁，很可能也经历了千回百转的思虑。你可能想：如果我这周多上一节健身课，应该就可以吃一个……不行，今天不能吃。两分钟后，你又想：如果只吃一半呢？……太香了……不行，把蛋糕分成两半看起来太奇怪了，我不能这么干。诸如此类。完全依赖自制力会耗尽我们的精力和专注，但如果想要完成真正意义上的任务，就离不开精力和专注的协助。

选择用番茄工作法来独立完成工作，就相当于暂时让自制力服从于计时器的权威。这是件大好事，我们再也不需要将过多的思维倾注到大大小小、无休无止的决策上了。现在，我们可以轻松专注于任务，同时也清楚地知道自己很快就能休息了。

我并不建议你总是用极端的方式来使用番茄工作法。相反，我建议你可以用一两轮番茄工作法来开启一天的工作。这种做法可以帮助我们主动进入心流状态，从而有效提升精力，获得美好的开局。在执行番茄工作法的过程中，即使被打断了也不要紧，只要将计时器暂停就可以了。等你回来之后，发现时间还剩下 13 分钟，便可以迅速进入工作状态并完成工作。如有需要，你还可以用番茄工作法的休息时间来快速处理电子邮件和手机短消息，但务必保证每完成一轮番茄任务至少休息 5 分钟，而且一定要站起身来，哪怕时间很短。

除了这些好处之外，番茄工作法还能让我们在面对琐碎的工作任务时更加专注。你可以设定计时器，启动番茄工作法，不干别的，只回复邮件。这样一来，整理收件箱就不再是一件令人望而却步的事情了。我们很快就会熟悉番茄工作法的时长，然后就可以相当精准地估算出完成不同任务所需的时间。包括休息在内，每轮番茄工作法共 30 分钟，可以以此为单位制订工作计划。你会突然发现，其实每周只要用两轮番茄工作法就能解决那些总是让你忧心忡忡、枯燥乏味的事务性工作，一个周五上午就能速战速决。

用番茄工作法来完成任务时，最好记录一下自己做了多少轮。回顾这一天，想想自己是怎样做完以前根本不可能完成的这么多事情的，会很有意思。

完成多轮番茄工作法后的感觉非常奇妙。回想这一天，你可能只记得休息时的事；但如果仔细盘点当天的收获，你可能就会掐一把自己的手，确认自己不是在做梦。用番茄工作法完成的工作总量将会远远超过你过去所能达到的水平。我们都知道，做自己喜欢的事并沉浸其中时，时间会过得飞快。番茄工作法就是这样改变了我们的时间感知，让我们进入心流状态。唯一不同的地方在于，我们所做的都是些枯燥乏味、艰难棘手的任务。

如今这个时代，越来越多的工作和教育培训活动不再需要按部就班地进行，我们支配时间的灵活性也越来越大。随之而来的不仅有机遇，也有挑战。在信息瀑布中，不仅知识与方法可以量身定制，就连个人癖好以及对即时奖赏的偏好，也会被考虑进来，精准满足我们的个人需求。在这种时候，番茄工作法这样的工具就显得越来越重要了。本书会反复强调：以前我们没有策略，但现在必须制订策略了。不努力是无法驾驭电子屏的，也无法在信息高速公路上把控住方向盘。还好，每个人都能学会这些技巧，而你已经在路上了！

大脑积分自评

初级

□ 通过行动才能驾驭电子屏，不能只是静坐和思考。大脑积分的第一题非常简单，只需要整理好书桌，准备好用来制订单点清单的便利贴。有些大脑积分需要通过两个步骤或在两种不同的场合完成。完成第一步后，得 0.5 分；完成第二步，共计 1 分。

□ 现在，请开始使用单点清单。当然，你也可以继续使用以前那种待办事项清单，但要确保排在后面的那些任务不会出现在你的视野和脑海中。最好是在坐下工作前就想好当天的第一项任务。坚持使用两天，就可以拿下第 2 分。请记住，使用这个工具的目的是让你变得更灵活，千万不要本末倒置；它还能帮你确定最重要的任务是什么。

□ 连续两天完成重要任务，完成之前不要处理电子邮件。完成后，拿下第 3 分。

□ 安装或运行播放音频的应用，通过覆盖干扰性的背景噪声来提升专注度。利用这类应用完成两轮番茄工作法后，得 1 分。如果你的工作环境本身就很安静，或是不太适合这么做，可以在两个不同的场合中使用这类应用，帮助自己放松，而不要用电视、音乐、播客、广播来放松。

- □ 写出一个自己经常进行多任务处理的情境，并制订简单的计划来改变现状。执行计划后，得 1 分。

高级

- □ 先将智能手机放到别的房间里，然后再开始完成重要任务。在两种不同的场合下做到这一条后，拿下高级任务里的第 1 分。
- □ 先将智能手机放到别的房间里，然后再进行休闲活动，看电影、追剧、聚会或是其他活动都可以。在两种不同的场合下做到这一条后，得 1 分。
- □ 完成 4 轮番茄工作法后，得 1 分。可以在一天内完成，也可以在几天内完成。
- □ 在两种不同的场合下，利用番茄工作法来回复邮件。如果不用番茄工作法，这个任务会非常琐碎。留意不同工作方式对专注度的影响。
- □ 找出一项可以用番茄工作法来处理的重复性任务或活动，可以是事务性工作，也可以是洗碗、洗衣服这种家务活。在两种不同场合下完成任务后，得 1 分。

- □ 再也不要进行媒体多任务处理了，不要同时使用好几种不同的电子媒体流，例如同时看视频、玩游戏、浏览社交媒体、看电影。可以把更多时间花在其中一项活动上，保证每次只进行一项就好。如果需要集中注意力，可以播放纯音乐，而不是混合了人声或歌词的音乐，也可以使用上文提到的应用。做到整整一周都不进行媒体多任务处理后，就可以拿下这 1 分。

健脑秘诀 2

限制使用科技的地点和时间

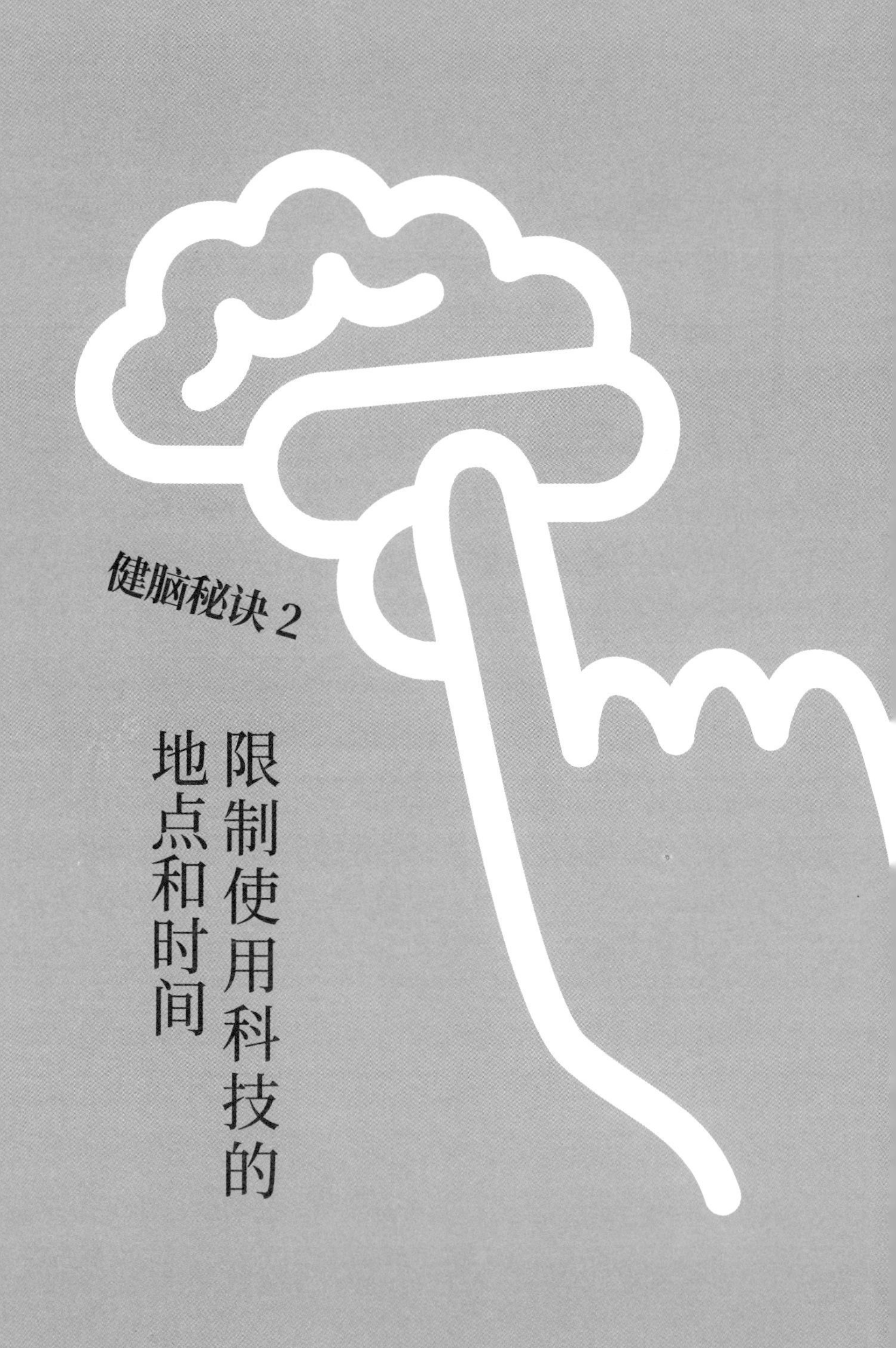

主动型注意与刺激驱动型注意

为了驾驭电子屏，我们学习了很多技巧，在消化这些技巧的同时，也要学习有关大脑的基本知识，这样才能找到最佳策略，让我们保持状态，实现生活目标。

如果你仔细研究注意的工作原理，就会发现大脑里的漏斗有两种激活方式。第一种是主动型注意（voluntary focus），将漏斗瞄准特定对象并固定不动，例如读书、听人说话。

第二种是刺激驱动型注意（stimulus-driven focus），指外界事物吸引、控制了漏斗，例如看电视、浏览网页、凝视噼啪作响的火焰，这些都是刺激驱动型注意的例子。这时，如果想要移动漏斗，将它锁定到其他对象上，就需要主动型注意。在后文中我会介绍，这两种注意是在大脑的不同部位激活的。

让我们用一个生活实例来说明两种注意的差别。你有没有在运动酒吧里跟人吃过饭？如果你去过，就一定会注意到，那里的屏幕上一直在播放各种体育比赛。我本人对体育并不感冒，而且我和坐在对面的朋友已经很久没聚了，有好多话要说。但我的眼睛还是会情不自禁地看向屏幕，必须调动所有的主动型注意，才能让漏斗回到朋友身上来，尽管我其实只对他有兴趣！

这个例子说明了刺激驱动型注意有多快、多强。如果你正待在平原上，身后的灌木丛中突然沙沙作响，这时你的反应就是由刺激驱动型注意造成的。这种反应早已深深扎根于人类的进化过程之中，它由更为原始的脑区掌管，对人类种族的生存繁衍至关重要。或许对这些原始的脑区来说，屏幕上的动静就意味着某种奖赏，比如在暗示有猎物出现。但我们的新生代脑区很明白，这里其实根本没什么可追捕的东西。我必须不停地把漏斗移回朋友身上。如果我不想这么费力，就只能换张桌子，坐到看不见屏幕的位置上去，才能轻松自如地听对面的人讲话。

在真正明白如何使用智能手机前，我们先来看一项科学研究。我认为这项研究非常重要，每个人都应该了解。该研究的目的是调查智能手机对工作记忆和问题解决能力的影响。研究者们开展了一系列研究，并在 2017 年公布了研究结果。

第一次实验招募了 520 名美国大学生，所有人都要完成相同的工作记忆测试，测试中需要注意力高度集中。被试被分为三组，但他们自己并不知情。第一组被试把手机放在了面前的桌子上，第二组的手机放在书包或口袋里，第三组的手机放在其他房间里。在这项难度很大的测试中，第三组的成绩最好，而把手机放在桌上的第一组成绩最差。最重要的是，所有手机都设置成了飞行模式。也就是说，没人可以使用手机，也没发现有人受到了手机的干扰。

研究者又召集了另外 250 名被试，重复这个实验，得到了相同的结果。这一次，他们还对学生进行了访谈。结果表明，越是认为自己离不开手机的学生，越需要在测试过程中将手机放到其他房间里。研究者向被试提出了一个关键的问题：手机有没有影响到你的测试成绩？大多数人都回答没有。一来手机并没有发出声响，二来也没有人把手机拿出来。研究者由此得出两个结论：第一，只要看到手机，人们的认知能力就会受到负面影响；第二，手机影响了我们，我们却浑然不觉。[14]

看到这个研究结果，你的第一反应可能是沮丧。别着急，先听我说下去。我们先跟着研究者的思路往下走，看看他们是怎样得出这两个结论的，同时也看看我们自己能不能得出其他一些有意思的结论，从而制订行动计划。

要完全理解这个研究结果，就必须回到几千年前，看看人脑这个器官是如何进化成为今天这样的。发现了吗？大脑永远会把新信息放在第一位。想让势单力薄的部落生存下去，就必须在环境发生改变时保持清醒。也许会出现新的敌人，然后世界就会在顷刻之间天翻地覆。而在今天，环境的改变也许会让我们遇到提供机会的新朋友，只要抓住机会并采取行动，就能创造新的可能性。

从这个角度出发，想一想人类对八卦着迷的原因，就会觉得很有意思了。从根本上来说，这是进化的结果。部落里的谁和谁在一起做了什么？知道这些答案对我们的生死存亡具有重要意义。许多研究者已经达成共识，我们偏爱新鲜事的原因只有一个：新鲜感。这种现象被称为新异性偏好（novelty bias），在我们面对新信息时也同样适用。

了解这些知识还能帮助我们区分真正的吸引力和单纯的新异性。如果从表面上看，即使找到了自己想要的目标，我们也很难区分这到底是出于兴趣爱好还是在追求新鲜感。

即使是在构建记忆的过程中，我们也需要新信息。回忆就是一个重新创造新记忆的过程，近年来这一点已成为常识。记忆并不是某种老旧的信息碎片，可以从思维的背包里取出来，仔细端详，然后再原封不动地放回去；事实上，一旦记忆被提取出来，新信息和旧想法就开始产生关联了。例如，提取记忆的地点往往会与记忆融合，也变成记忆的一部分。甚至是最近才出现的、完全无关的念头也会和回忆中的陈旧记忆产生关联。也就是说，我们在不停地更新记忆，希望能把自己调整到理想的状态，以应对可能出现的新情况。

当源源不断的新信息出现在我们眼前时，漏斗必定会被吸引，把新信息放在第一位。正如上述研究所表明的那样，这一切都发生在顷刻之间，我们根本察觉不到。后续当我们讨论到如何改善人际关系的那条健脑秘诀时，还会介绍更多的研究。

漏斗如此迅捷、灵活，这是好事。就像上文中所说的那样，只要我们清楚漏斗应当回到哪里，哪怕被突然响起的电话打断了心流也不要紧，干扰本身不再是问题了。然而，在今天的信息浪潮中，我们真正要应付的是“被干扰的可能”，这才是真正的干扰。也许我们还没来得及觉察，刺激驱动型注意就已经启动了。

由此可以得出结论：这已经不再是自制力的问题了。比赛已经开始，面对近在眼前的诱惑，我们不可能主动选择去一一拒绝。如果完全依赖自制力，我们的精力、注意力会被消耗得一干二净，最终仍会败下阵来。而巧妙的策略终归会比自制力略胜一筹，这才是我们努力的方向。下一步，我们就要去了解应对这个问题的最佳策略是什么。

同儿童或青少年一起生活的人，尤其要重视这一点。成年人不应该只是简单地责怪孩子缺乏自制力，警告他们不要一蹶不振，或是为了督促他们写作业而没收手机。我说过，想要抑制无关行为，只须调用一点点自制力就好，这样才能留出更多精力来完成真正的任务。

真的能用一个设备全方位搞定生活吗

我热衷新技术及其多样的功能，喜欢尝新，还跟爱较真的科技迷一起工作过很长时间。现在你可能看不出什么端倪，别着急，我会娓娓道来。聊完下面的内容，你可能也会更喜欢新技术了。

过去几十年间，科技发展的最新趋势是集所有功能于一体。试想，只用一台设备就能覆盖生活中的所有场景，包括工作、家庭、休闲、交友、同事、娱乐、兴趣、新闻、各种知识、日程安排、天气信息、健身数据等，也太管用了吧！这不就是天才设计吗？不错，这种设计的确很有用，但最近这几年，人们也发现了这种设计的缺陷。

在准备着手完成重要任务时，我们的脑子里经常会冒出一个问题："几点了？"于是，我拿出手机看了看时间，同时注意到屏幕上有一条微博的通知，有人提到了我。我赶紧打开微博，发现并没有什么重要的事，但是却注意到了另一位好友发的链接。那是一篇政治评论文章，鼓吹某种荒唐的主张。我一边匆匆浏览，一边连连摇头。读完文章后，我快速浏览这家新闻网站的主页，想瞄一眼新鲜事儿。真可怕！有个女孩在国内某地失联了！我想到了自己的亲人，要是家里人遇到了这种事该怎么办呢？然后，我又鬼使神差地打开了微信朋友圈，点了个赞，继续浏览。突然，我抬起头来，发现 15 分钟已经过去了。我心想：刚才我不是很着急吗？等等，现在几点了？然后又低头看了看手机。

老实说，你难道没遇到过这样的事吗？ 15 分钟不过是弹指一挥间！我们付出的代价也可能并不只是时间，还有其他更重要的东西。在我的记忆里，这种事情屡屡发生。如果把每一次的经历全都加起来，那么我浑浑噩噩的时间显然远远不只 15 分钟。

我多多少少也算是个"科技怪人"吧。于是想借此机会介绍一下我最近购买的科技产品，它对我的生活产生了巨大的影响，大大提升了我的生活质量。它就是卡西欧 F-91W 电子腕表。这个神奇的产品是 1991 年面世的，至今仍未停产。多年来，它在技术和设计上并未发生改变。也就是说，不管从哪方面来看，这都是一款普普通通的腕表。当然，它在出厂时已经预装了闹钟和计时功能。

关键在于，我已经至少 15 年没有戴过表了。现在，当我需要知道时间的时候，只要看看表，然后就会去完成我想做的事。这种改变带来的影响让我始料未及。刚刚提到的那 15 分钟，如今完全回到了我的掌控之中。不久之后，它对我的意义已经超越了时间本身，仿佛是在我所在的房间里又搭造出了一个全新的个人专属空间。这个空间原本就属于我，只不过在很久以前，我把它弄丢了，现在终于又找了回来，对我来说真是了不起。这样描述一块简简单单的腕表，听起来可能有些疯狂，但我相信这并不是我独有的经历。

我很喜欢记录自己的进步，所以十分确定，这种改变极大地影响了我的工作和生活。而且在取得进步的同时，我并没有放弃任何重要的东西。如果我想使用手机，随时都能拿出来用。虽然听上去有些奇怪，但这个小小的改变显著提升了我的生活质量。

首先，选择智能手机的一项功能，然后找到另一个设备来执行这项功能。这样做并不等于放弃一个有用的功能及其带来的好处，相反，现在我可以使用的科技产品更多了，工作效率和生活质量也提高了。这是一个非常重要的发现。

之前有段时间，许多人会同时使用两部手机，一部用于工作，一部私人使用，但现在已经很难看到这种现象了。集所有功能于一身真的利大于弊吗？这就是问题的关键。一年 365 天，一天 24 小时，永远把工作放在触手可及之处，对你来说真的是件好事吗？只靠一个按键就能处理所有工作任务和项目，并和经理、同事乃至客户直接沟通，对你来说真的是件好事吗？在这种设计下，只怕你的漏斗会当场迷失在各种不同方向的拉扯之间，让你根本来不及深思熟虑。对大脑来说，这就好比坐在书桌前，把各个不同项目的文件都从文件夹里取出来，全部摊在桌上。大多数人还是喜欢保持桌面整洁，只把手头工作会用到的资料拿出来就可以了。当然，也有人喜欢通过凌乱来激发创意，他们会把不同的材料一股脑儿地摆在面前，但我认为没人会希望时时刻刻都待在这种思维空间里。

企业界也开始认识到这些做法对工作效率和生活质量没什么好处了。哪怕是在最强调业绩的快节奏行业里，管理者也认识到了这一点。

波士顿咨询集团（Boston Consulting Group）是美国的一家咨询公司，在 42 个国家设立了办公点，常年雄踞全球管理公司排行榜前三名。过去，为了保持最高的工作效率，公司的企业文化鼓励员工全天在线，整年无休。在新技术的帮助下，这是可以实现的。然而公司管理层却发现，虽然顶尖人才依然在源源不断地加入公司，但这些人才很快就会发现这里所要求的工作方式并非长久之计，不出几年就另谋高就了。

为了解决这个问题，管理层找到哈佛大学商学院的一个研究团队，请他们对公司中的一组咨询顾问进行了研究。研究者得出了激进的结论，建议公司在每周的中间多给员工放一天假，员工在这一天里可以不接电话、不回邮件、不工作。这令一部分公司员工相当震惊。过去，只要客户有需要，他们就必须取消家庭活动或其他安排。而现在，公司设置了排班表，以确保至少有一个人可以随叫随到。就这样，他们开始了新的尝试。

尝试的结果令大部分人都很惊讶。员工们不仅重新拥有了自己的生活，团队合作也达到了史无前例的水平。为了让排班能够满足所有人的需求，员工之间的沟通变多了，团队的计划能力、合作水平也提高了，这样又会碰撞出新的创意。现在，公司里的许多团队都接受了这种新做法。管理层表示，采取这种做法后，咨询顾问留在公司继续任职的可能性提升了 75%。如今，波士顿咨询集团也已跻身全球最佳雇主之列。[15]

我也在继续改良自己对科技的应用。接下来要介绍的专用设备是闹钟。从我和妻子最初相识那会儿开始，我们就都有着属于自己的智能手机，起床时间也不同。多年过去，手机本身也已经改头换面了。一开始，它只是一个附带闹钟功能的电话；而现在，我们每晚都会把思维空间中那张凌乱的书桌搬进卧室。每天早上醒来，我的第一件事就是查收邮件，晚上睡觉前的最后一件事还是查收邮件。这种生活习惯并不靠谱，我得想出更好的法子。

因此，我决定买个真正的闹钟放在卧室里。效果立竿见影。我再次被震撼了：一个非常简单的方法，却带来了实实在在的巨大改变。我又找回了许多以前根本不存在的时间，仿佛卧室里又多出了一个崭新的物理空间，只不过这次是在床上……我突然发现，这一次不是只有我自己从中受益了。

你知道吗？最近这些年，黑胶唱片迎来了某种意义上的文艺复兴。整个市场兴旺蓬勃，许多艺人也顺理成章地将新唱片录制成了黑胶。从 2009 年到 2019 年，美国黑胶唱片的销量增长了 678%。[16]2018 年，披头士的黑胶唱片卖出了 30 多万张。[17]

如今，人们拥有各种在线音乐播放软件和流媒体，听音乐变得非常方便和便宜，因此，黑胶唱片的复兴让人匪夷所思。但是，全世界的音乐爱好者都非常清楚，只有在专用设备上播放唱片才能带来极致的听觉体验。这与其说是音质的问题，不如说是因为这样一来，你就可以随时触摸、感受到这件由音乐家亲自选择的载体所搭载的艺术品了。最重要的是，我们要走到唱片机前，才能播放音乐，享受这张唱片带来的独一无二的体验。

如果用专门的设备来读书或钻研知识，也会产生奇妙的结果。书籍在诞生伊始，曾经带来了改变世界的信息技术革新。至今，书籍仍在传递信息、传播故事，依然影响着现代人的生活。看书时，人的视线会随着印刷字迹移动，字的位置是固定不变的；而在看手机屏幕时，视线则会随着屏幕的滚动而移动。研究发现，这两种方式会造成很大的差别。聊到第 8 条健脑秘诀时，我们会继续讨论这项研究，现在先说说读书这种体验。

当你读书时，可能会跟这本书成为如影随形的伙伴，共度人生中的一段时光。它会在你的背包里待上几周。去咖啡馆的时候、乘车的时候，你会把它拿出来阅读。这件东西，还有它的内容，同你建立了某种独特的关系。假设它的最终归宿是书架。多年以后，你可能会经过那个书架，用手指轻抚书脊，再次把它抽出来拿在手上。那一刻，你会重新感受到阅读这本书的往昔岁月。那时你去过的地方、遇见的人，还有种种和这本书完全无关的事情，依然与书的内容紧密联系在一起。你书架上的每一本书，都和你建立了某种独一无二的联系。只要拿起书本、翻动书页，往日的生活片段就会浮现在你的脑海中。

有时候，新时代也会催生新的创意。有一天，建筑师戴维·迪万（David Dewane）在搭乘公交车时发现所有乘客都在忙着看手机。他很好奇人们在读什么，也想知道能不能通过一本实体书带来和浏览社交媒体及网络新闻同样的奇妙体验。

创意就此诞生。迪万希望伟大的经典著作能重新回到人们手中。他进行了一次成功的众筹，成立了老鼠读书俱乐部（Mouse Book Club），以模仿智能手机的排版形式来出版经典作品。人们在无聊的时候，不是打开微信或微博，而是可以轻巧地拿出莎士比亚或简·奥斯汀的作品，读上几页。老鼠读书俱乐部成立至今，已在世界各地培养了很多忠实的粉丝。好几家出版社都对这种新趋势产生了兴趣，开始出版和智能手机大小相同的书籍。有些书甚至是纵向装订的，翻页时的动作和滑动手机屏幕时一样。

我并不是要鼓励你回归电子屏出现之前的生活方式。相反，我希望你能得心应手地使用新技术。为了实现这一点，就需要搞清楚所有的选项。归根结底，我们是要让人生的经历如同自己所希望的那样充满意义。落满灰尘的巨大书架、从来不听的海量唱片集，都不是我们需要的东西。如果能确定生活中最重要的是什么，并在这些重要领域使用功能单一的专用设备，会发生什么呢？要做到这一点并不困难，比如你可以用一台专门的电脑或智能手机来工作，用其他设备来休闲娱乐；还可以在不同地点使用不同的设备，例如在每个房间里分别放置台式电脑。这样，在两个不同的领域里，你都将获得更强烈的使用体验。

我不禁想到了在我的童年时代曾经风靡一时的瑞士军刀。它集多种工具于一身，的确是个了不起的发明，但我们并不清楚每种工具的质量如何。这种多功能设计的确适合丛林探险，而手机上的闹钟等许多功能在旅行时就没有多大用处了。我希望家里的各种工具都质量上乘，切菜就要用手感舒适的刀，动手干活就得有个称手的工具箱，如此等等。

有选择地使用科技

现在，我们要开始限制使用科技的地点和时间。这并不是要让你戒掉自己喜欢的应用，而是要更好地利用它们。第一步，问问自己，在何时、何地使用何种应用能让你受益。在每一天的不同时间段里，使用应用产生的效果并不相同。一旦发现效率最高的使用情境，你就可以在同类情境中提升使用能力、增强使用效果。我们要思考自己真正需要的是什么，找到它，然后火力全开地应用科技来满足它，这样就没有什么东西能阻碍我们了。

我的朋友克里斯·丹西（Chris Dancy）被誉为“世界上联网程度最深的人”。他是个不折不扣的“电子人”，浑身上下都是科技产品。无论如何，他的生活方式十分与众不同，科技在他生活中的融入程度是绝大多数人根本无法想象的。克里斯声称，凡是生活在现代社会里的人，某种程度上都是电子人。通过使用新技术，我们都获得了过去不曾拥有的能力。有时候，科技甚至会通过手术被植入我们的身体，例如心脏起搏器，只不过我们手中的智能手机才是科技最普遍的形态。不管科技的形式是什么，结果都殊途同归：它催生了全新的日常行为。

克里斯·丹西非常聪明，且笃信佛教多年。他写过一本书，名为《不要拔掉插头》（*Don't Unplug - How Technology Saved My Life and Can Save Yours Too*; St. Martin's Press, 2018），坦率地介绍了自己利用新技术摆脱成瘾、恢复健康的经历，在这段经历中最糟糕的时候，他曾经险些丧命。他为自己量身定制了各种科技功能，确保这些功能可以支持自己的长期目标和价值观。他不会按照出厂设置来使用任何应用或装置。这些默认设置反映的是制造商希望我们如何使用产品，而他们的想法很少会符合我们的独特需求与长期目标。这一点在社交媒体的使用上表现得尤为明显。现在，我们必须行动起来，调整制造商的设置，让科技产品服务于我们的长期计划，获得更多好处。

新技术已经问世，但使用技术的方式是可以改良的，这完全取决于我们自己。在社会层面上，科技的使用带来了许多暂时性的问题，但随着使用模式的成熟，这种情况也会改变。很多人已经踏上了这条路。

首先，我们要多多讨论彼此的长期梦想、目标、价值观。要花更多时间来思考：在久远的未来，除了持续不断的娱乐活动和暂时出现的干扰，我们到底希望过上怎样的生活？在工作场所和学校里，我们也要讨论这些话题，然后才能根据真正的需求来定制科技的使用方式，从中受益。也许更重要的是，我们必须和家人、朋友讨论。如果可以自由畅想，你希望如何度过共处的时光？新技术的作用就像是在一个人的屁股上狠狠踹了一脚，仿佛催化剂一样，促使我们开始讨论这些话题。这是一个千载难逢的机会。完成了这一步，作为成年人的我们才能真正掌控生活的方向盘。新技术如同涡轮加速器，让生活之车全速前进。这时，掌控方向盘就显得更加重要了，否则我们就只能被困在这台失控车辆的后座上。

我们现在很容易掉入一种陷阱，把所有事物都高效运行、一帆风顺当作目标。以简便为目标会导致我们忽视某些重要的东西，这在家庭生活中表现得尤为明显。一开始，为了照顾新生儿，你要经历睡眠剥夺期；然后，又要进入子女入学的痛苦时光；接下来，孩子长成了青少年，生活更是变得一团糟；而在弹指一挥间，他们就要带着你多年的悉心教诲离开家门、自谋生路了。

如果某种行为能让痛苦的一周变得轻松一些，那么这种行为在下周就会变成习惯。但生活从来都不简单。正因如此，我们需要各种支援才能渡过难关。共同的价值观和梦想、让生活更有意义的想法、力量与快乐的源泉，这些都可以拉我们一把。如果你认为新技术能消除生活里的各种难题，恐怕只会大失所望。相反，如果我们利用科技来实现真正的目标、坚守人生的价值，生活就会更有意义。现在，说回世界上最擅长运用科技的克里斯·丹西，我要一字不差地引用他的一句话："所有坏习惯都来源于贪图方便。"

今时不同往日，现代人有条件利用各种消费来逃避困难、拖延冲突。请注意，我尽量不使用"电子屏时代"这种表述。但有了电子屏之后，人们确实更容易耽溺于各种消费，也更喜欢用电子屏来回避眼前的冲突了。小孩哭了，大人会用平板来转移其注意力；成年人遇到问题，也会使用智能手机里的各种应用来回避冲突。

消费无处不在，唾手可得。我们也可以用其他形式的消费来回避冲突。例如每次小孩捣乱时，就给他们吃糖果，但这种做法违背了让孩子健康成长的价值观与长期目标。

只有定期讨论共同的期望和价值观，才能将不可能变为可能。只花一个下午来讨论是不够的，你需要更多的时间。只要着手去做，新技术就能起到辅助作用，但它并不一定能让讨论变得更容易。尽管如此，借助科技，我们可以抵达过去遥不可及的目的地，这就是人们在一起认真解读信息浪潮的意义所在。当我们坐上自己的涡轮增速车，手握方向盘，并且清楚知道自己前进的方向，就一定能够到达目的地。

我和家人做过一个实验，乍看起来没什么大不了，却产生了令人震惊的效果。每天回到家，我们都会把智能手机放进玄关的一个篮子里。手机仍然开着，声音也开着。如果铃声响了，我们就去接电话；来了新消息，就去查看；需要搜索或翻看日程表，都尽管去做。我们依然可以使用各种科技，只是需要多走几步。然而，正是这几步路带来了很大的改变。厨房的餐桌上、客厅里、其他地方，过去并不存在的物理空间仿佛突然冒了出来，成为我们聊天、完成其他活动的场所。甚至我们的消费体验也得到了改善，包括吃饭和晚上看电影的时候。

多走几步才能接电话，可能会让人想起从前的旧时光。那时的电话还接着电话线，打电话不能走得太远。听上去是不是像石器时代？虽然如此，我和很多科技迷还是希望能坚持做下去，通过实验优化科技的使用方式。这个例子说明，我们的确可以有选择地使用科技，同时仍然能够发挥智能手机的作用，得到自己想要的好处。

成人也是初学者

我们要限制电子消费的地点和时间，从而实现长期目标，这是毋庸置疑的。人们已经在其他消费领域进行过这种限制了，比如说食物。如今，瑞典人拥有丰富的食物资源。随便哪天，随便哪个时间，只要走几步，就可以打开存放着丰盛食品的冰箱，走进正在营业的超市。这与人类进化初期的情形相去甚远。人脑现在的机能和石器时代相差无几，但在石器时代，人们必须冒着空手而归的风险外出打猎、采集食物。

现在，人们大都已经适应了拥有取之不尽的食物这种新环境。之所以能够如此，是因为我们已经对消费食物的地点和时间做出了限制，并随之形成了社会惯例。以备受关注的甜点为例。只要想到这种美味，我们就会兴致勃勃、垂涎三尺，原始的脑区会立刻向我们传达指令：现在就吃！越快越好！越多越好！

为了让一切变得简单，不必每时每刻都要抵抗本能，就需要对时间和地点做出限制。例如，我们限制了在家里吃甜点的时间，规定吃完主食后才能把甜点端上来。但是甜点太好吃了！难道不应该把甜点一直摆在面前吗？于是，我们又限制了吃甜点的地点，规定只有在周五晚上家庭聚会时，它才能出现在客厅的沙发旁。通常来说，将某种激动人心的活动和特定情境建立关联，才能从中获得最大限度的快乐。但不知道为什么，我们好像认为电子产品理所当然应该随时放在手边。一旦想要使用电子产品，它就必须立刻出现。事实上，没有什么东西是需要随时随地使用的。如果这样的东西真的存在，它反而不利于我们达成长期目标，也会对生活的其他领域造成负面影响。

我们都会帮助孩子建立起只能在特定时间、特定地点吃东西的规矩。这其实违背了他们的天性，因为为了快速获取能量而大哭大闹本来就是他们的生存本能。一看见糖果，就必须马上攥在手里，谁知道接下来会不会闹饥荒呢？成人则相反，他们已经可以控制冲动了，也会让自己的行动服务于长期目标。控制这些想法的脑区叫前额叶皮层，之后我还会对它进行更详细的介绍。现在我要说的是，一个人直到 25 岁左右，前额叶皮层才会在生理上发育成熟，我们要记住这一点。

和食物一样，我们也应该帮助孩子树立只能在特定场合使用电子产品的规矩。问题是，如果成年人自己都做不到这一点，就无法这样要求孩子。如果父母从来没有有意识地限制过自己对电子屏的使用，那么，严格限制孩子使用电子屏的时间只会给家庭关系带来矛盾冲突。这就好比孩子看到父母总是吃甜食，却要求孩子规规矩矩地吃掉所有蔬菜。但父母也不能因此就放纵孩子，让他们随心所欲地吃甜食，这不能解决问题。吃东西也好，使用电子屏也罢，都不能毫无节制。学会对使用地点和使用时间做出限制是个长期的过程，会随着大脑的日臻成熟而最终实现。

当遵循地点和时间限制的人越来越多，社会惯例便形成了，这些有效策略将成为常态，就像食物一样。这个过程会自然而然地发生，比如吸烟就是个正面例子。几十年前，人们随时随地都可以吸烟，办公室里、孩子身边、飞机上、别人家里，随便什么地方都可以。人们开始着手限制吸烟的地点后，社会惯例就此诞生。今天，几乎没人会不经询问就在别人家里掏出香烟了。实现这个过程甚至不需要专门立法。

现在让我们回到新技术与食物的类比。我相信有人会反对这种类比，因为几千年以来，在没有电子产品的情况下，人类照样能够生存繁衍，但要是没有了食物，我们就不可能活下来。这当然没错，但我们无法回到过去了。在现代社会，要求求职者必须掌握新技术的工作越来越多，想要找到工作机会，养家糊口，就必须使用电子产品。今时不同往日了。

问题的关键是我们如何应用这些技术。换句话说，我们不能只关注使用电子屏的频率和时间，还要考虑使用质量。这和消费食物异曲同工。电子屏和食物一样，有的是垃圾食品，有的是健康沙拉。

新技术消除了界限，让不可能成为可能。人们的体验发生了翻天覆地的改变，效果令人难以置信。过去习以为常的种种界限如今都消失了，例如工作与休闲的区分。一二十年前，人们在工作时就只能埋头工作，工作就是全部，而下班也是真正的下班。不同工作任务之间的界限也被打破了。过去，无论是打电话、写报告、出席会议，人们都只能专注一件事；而现在，我们一边开会一边回复邮件，或是在解决重要问题的过程中发一些无关紧要的消息，这种行为绝非例外，已经成为常态。

要不要设置界限完全取决于我们自己，好消息是，我们可以根据自身的情况来做出决定。过去的界限已经无法再控制我们了，现在我们可以随心所欲地在任何时间、任何地点工作，这种现象越来越普遍，人们也变得越来越自由。但这就代表我们需要设置新的界限了。如果因为工作需要，我们就随叫随到，那么家人就会因此而苦不堪言。同理，如果因为朋友和家人需要，我们就随叫随到，那么工作或学业就要遭殃了。难就难在以前我们从来不需要设置这种界限，它们总是自然而然地形成的。从这个角度来说，现在的成年人其实和孩子一样，也不过是初学者罢了。我们身边的许多成年人甚至还不如孩子。不过这也不奇怪，我说过，以前人们并不需要设置界限。

人们都会憧憬未来。时过境迁后再来回顾当时的种种想法，是一件很有意思的事。信息技术日趋成熟，我们要如何应对？很多人认为我们应当更加灵活、打破界限、提高多任务处理在工作中的占比，有些人直到现在依然这样认为。但从许多方面来讲，事实都恰恰相反。

想要成功、获得幸福、在工作与生活之间求取平衡，最重要的就是设置新的界限。说出来可能不大好听，但我们必须学会拒绝。如果面对上级、朋友、家人，我们总是来者不拒，就会在新一波信息浪潮中陷入困境。我们已经知道，大脑无法完成多任务处理。如果答应同时处理各种事情，就可能会缺乏足够的脑力来履行承诺。还好，救星已经出现了，虽然很多人还没有意识到。

用科技定制科技

“限制”一词具有一定的负面含义，这很可惜，也不应该。我们都希望机会多多，但事实上，限制才是一切创意与成功的关键，无论大事小事都是如此。

以孩子在家画画为例。一旦他们拿起绿色的彩笔，就等于放弃了其他颜色，这是一种极大的限制。但如果不这样做，他们就不可能画出任何东西来。对于成年人来说也是一样。我们坐在那儿想象自己在度假，眼前浮现出了各个备选目的地的美丽景致。但如果真的要出行，我们就只能选一个地方，放弃其他选择。选择越多，就越要学会放弃。如果无法设置界限，那么机会越多，产出的成果反而会越少。这几乎适用于生活中的所有领域。

我和其他科技迷自然会选择用新技术来解决这个问题。近些年来，一种全新的电子解决方案诞生了，这就是对使用科技的地点和时间做出限制的应用，它能够帮助我们实现长期目标和价值观。

先介绍一个典型的例子。对许多现代人来说，电子邮件既是工作中最重要的工具，也是最大的干扰源。办公室职员平均每天会收到 126 封邮件。[18] 研究发现，有 70% 的邮件在收到后的 6 秒内便被回复；而人们平均需要 64 秒才能回到先前的任务中。[19] 当然，有些邮件的确非常重要，但对绝大多数员工来说，回复邮件并不是他们的主要职责。有意思的是，我们似乎逆来顺受地把这件事当成了工作的重点，没有采取任何应对策略。如果我们还想完成其他重要的事，唯一可行的办法就是对电子邮件的处理时间做出限制。

Outlook 和 Gmail 的用户可以免费下载 Boomerang 这个应用，它可以按照用户设定的时间接收邮件，这带来了巨大的改变。你可以随心所欲地处理收件箱，完成手头上的工作，而不会遭到无关邮件的狂轰滥炸。你的工作可能需要每隔一小时接收一次邮件，有些工作甚至更频繁；但我敢保证，大部分人即使只在每天上午、下午各收一次邮件，也可以活得好好的。

说来也奇怪，我们似乎认为电子邮递员反反复复地找上门来、每次只带来一封邮件，对我们来说是一件好事。哪怕自己正忙着处理重要的工作，我们也希望他能拿着信件在我们眼前挥舞，吸引我们的注意力。

你可能并不熟悉“批处理”这个概念，但这是一件我们每个人都会做的事。批处理的意思是将所有事务合并到一起来处理。我们不会单独洗一件衣服，也不会一次只支付一笔账单。在大部分领域，对相似的任务进行批处理、一次性解决全部任务，都是一种自然而然的方法。电子邮件是很多人工作中最重要的工具，我们却唯独没有在处理邮件时使用批处理的方法，这是一种重大的疏忽。还好，我们可以抓紧时间亡羊补牢。

你以前肯定也听到过每天在固定时间查收电子邮件的建议，只可惜，想要按部就班地照做是很难的。我们已经知道，新鲜、有趣的信息会吸引我们的漏斗，哪怕真的照着上面的建议做了，我们也会因为要对抗这种被吸引的冲动而消耗大量精力。这就和我之前提到过的纸杯蛋糕一样。

我们无法限制处理邮件的地点。收件箱和其他重要的东西都必须在电脑和手机里。所以，我们只能限制时间。不能每一天都重复做出决定：今天只在上午 11 点和下午 3 点查收电子邮件。新信息近在咫尺，这种方法是不可能成功的。但如果使用我所说的这个应用，只需要做出一次决定就可以了，之后它就会自动形成一种惯例。当然，如果想让时间限制达到最佳效果，完美满足自己的需求，还需要对那唯一一次选择进行评估和校正。如果遇到需要立刻查收新邮件的情况，这个应用也提供了重置功能。在这种偶然的情形下，你也可以暂时依赖自己的自制力，它已经养精蓄锐多时，可以派上用场了。

我相信，这样的惯例将逐渐成为未来社会的规范。我们对科技的使用方式越成熟，这种社会惯例就会越普遍，员工的工作效率和压力水平都会得到极大改善，这种效果是不容忽视的。

有研究探讨过人们的压力水平和他们检查收件箱的频率之间的关系。124 名被试参与了随机研究，在一周时间里，他们检查邮件的频率被限制为一天三次，在另一周时间里则不受任何限制。不管这两周哪个在前哪个在后，邮件使用频率受限的那一周，被试的日常压力水平都得到了缓解，幸福感也有所提升。[20]

有关时间限制的应用，另一个例子是苹果电脑上的 SelfControl。这个免费应用能帮助用户专注重要任务。在使用时，你要先设置好时间，然后开始运行。它会拦截你添加进黑名单里的所有网页。在指定的时间段里，你完全无法访问那些网站，重启电脑或卸载这个应用也没用。你也可以将想要访问的网站添加到白名单里，然后把其他所有网站都拦截掉。不管用哪种方式，都可以让我们专注自己的长期目标和价值观。

在这方面，我也算是活到老学到老了。时间限制的神奇效果并不是夸夸其谈，我在写最近两本书的时候就使用了 SelfControl。甚至是我现在写的这些内容，也是利用受控的时间段完成的。我跟人们聊起这些时，他们通常会觉得荒谬：难道不能用自制力来替代这些应用吗？当然可以。我的专注力可能是全瑞典最训练有素的。尽管如此，我还是会使用这些应用。因为我知道，有效的策略总是比自制力更胜一筹。我要将全部自制力用来进行最好的创作，而不是把精力浪费在阻止自己做这样那样的事情上。

一天之中，我们的精力水平会上下波动，因此，这些应用能帮助我们度过状态不佳的时间段，令精力得到巨大的改善。这样一来，我们就能把所有工作留在办公室里，开开心心地下班回家了。否则，我们很可能会在短暂的无聊后，不知不觉地走进社交媒体的魔幻世界，再也无法重拾干劲儿，一直混到下班。

顺便说个好玩的事，时间限制也被应用到了厨房里。Kitchen Safe 也是一个成功的众筹项目，非常有意思。这个产品是个塑料盒子，能够在你产生对糖类的渴望时帮助你提升自制力。你可以选个自己喜欢的东西放进盒子里，然后在盒子上设置时间，最短 1 分钟，最长 10 天。在设定的时间结束前，盒子是没办法打开的。顺便说一下，这个盒子不仅放得下巧克力棒，也放得下游戏机手柄。打碎盒子是功能重置的唯一途径，但那会让你的钱包大出血。

在对使用科技的地点和时间进行限制时，有一个方面需要重点考虑，那就是这些应用对你来说真的管用。如果把它们安装在家人的手机上或员工的电脑上，效果也许就大不一样了。

这些应用会成为你的执行能力的一部分，令其大幅提升。接下来，你将会更好地识别自己的使用模式，调整使用方法，实现属于自己的目标，抓住属于自己的机会。简单来说，你将能够更好地驾驭那辆涡轮加速汽车，成为更厉害的司机。但如果你将这些应用安装在别人的电脑上，就等于让他们失去了自主选择的能力，被迫坐到了乘客的座位上。

最好先彼此讨论一下自己看重的东西是什么，然后才能找到更好的解决方式，让相关各方达成一致。我希望我的孩子能多加练习，根据他们自己的目标来做出地点和时间限制。学会这一切需要时间，更需要大量的练习。

话虽这样说，我们还是可以选择性地设计自己的数字化生活，用智能应用将我们的自定义设置同步到各种设备上。这些应用有的免费，有的需要付费，但你的投入通常可以带来多得多的收获。

对所有应用的使用做出限制并不像你想象中那样麻烦。许多应用已经与特定情境建立了紧密的关联，根本不需要任何使用策略了。例如身份验证类应用、地图类应用、打车类应用，都是很好的例子。而对使用频繁的应用做出地点和时间上的限制，也是一种充满趣味的自我需求探索。哪些应用对我来说属于“甜点”，必须千万小心，不能过度使用？哪些是我的“主菜”，能为我提供营养，需要经常使用？

我们应当对各大社交媒体平台的使用方式进行更多思考。在什么时候使用它们，才能为你创造最大的价值？在什么时候使用它们，只能榨干你的精力？首先，要将它们彻底停用，让精力更好地回到起跑线上，然后再在选定的时间段重新使用这些应用。你至少应该清楚，在一天中的不同时间使用它们，得到的效果是不同的。然后，你就可以摸索出一些彻底停用应用的时间段了。

这样做的目的是提升你在使用应用时的愉快体验。在本书之后的部分，我们还会讲到社交媒体。现在，先说说限制时间和地点的基本原理。

最近几年，有些手机制造商已经开始在手机操作系统中添加这类功能了。如果使用应用的时长超过了人们最初的打算，手机就会发送提醒。问题是这还远远不够。出于显而易见的原因，要关闭这一功能不费吹灰之力，和开启它同样简单。如果希望得到真正的效果，你就必须依靠第三方应用开发者，只有他们才不会竭力诱导用户过度使用手机。

这样使用科技能够提升人们的自我效能感和幸福感。其他对科技使用的优化设计自然也是可以实现的。用不能上网的老式手机来接打电话和收发短信也受到了人们的欢迎，这种手机被称为“非智能手机”（dumbphones）或“抛弃式手机”（burner phones）。后一个名字来源于这种手机非常便宜，如果用户觉得索然无味了，丢掉也不会觉得可惜。近年来，功能简单的手机销量猛增。2017 年，诺基亚的旧款经典机型 3310 重新上市，据称该产品的预订量是同一品牌其他机型的 10 倍。[21]

我自己也有两个手机，第二个手机的大小和信用卡差不多，刚好可以放进钱包里，这样就不用担心出门要带太多东西了。它只花了我不到 30 美元。我随时都可以带着智能手机出门；但如果希望给其他东西腾出空间时，我就会把智能手机留在家里。

还有一些手机机型更吸引人，也更奢华，各种重要工具都有，但没有荧光屏和极具诱惑性的订阅功能。轻手机（Light Phone）就是其中之一。该品牌的创始人凯威·唐（Kaiwei Tang）认为，要想完成自己想做的事，去掉某些功能也是很重要的。轻手机的设计主要是为了降低手机的吸引力。有人认为人们已经很难区分有用的工具和单纯消耗注意力的产品了，但凯威·唐不同意这一观点。他说：“谁也不会拿着螺丝刀专注地把玩两小时。”[22]

大脑积分自评

初级

- □ 用腕表看时间，并优化自己看时间的习惯；或是使用功能有限的智能手表，避免收到各种通知和订阅信息。

- □ 至少和家人进行一次深入对话，讨论如何在家中对使用科技的地点和时间做出限制。如果你是单身，也可以想一想如何限制科技的使用，服务于未来的家庭。如果存在令你不满的问题，尽量通过积极对话来解决。

- □ 在家中指定一个位置，用来放手机，最好是在客厅里。打开手机铃声，以免影响到接听重要电话和收发重要信息。制订计划，确定你什么时候要将手机放到这个位置，什么时候把手机带在身上。在这两种情境中，你的体验如何呢？尝试进行对比。

- □ 对阅读新闻的地点和时间进行限制。你希望什么时候看？在哪里看？大多数新闻都没什么实际意义，因此，看新闻通常只会消耗精力。

- □ 在手机上选出三个消耗时间的应用，改为在电脑上使用它们。

高级

- □ 安装一个用于限制科技使用地点和时间的应用，开启第一次设置。
- □ 启用智能手机的参数应用，记录手机的使用频次；也可以安装具备这种功能的专用应用。
- □ 安装时间限制类应用来管理电子邮件的收发。不要仅仅自己设定时间，这样还不够。
- □ 使用日程计划类应用，设置一个完全屏蔽社交媒体的时间段，以此作为基线状态。接下来，思考你在哪些时间段真的需要使用社交媒体。在这些时间段里，你可以解除对社交媒体的屏蔽，但晚间是必须要屏蔽的。
- □ 审慎地对智能手机主界面上的图标做出地点限制。移除那些最浪费时间、应当减少使用频率的应用，将它们放到不容易看到的页面上去。主界面要尽可能保持简洁。
- □ 在卧室里放个闹钟，夜间将智能手机放到其他房间里去。只在卧室里收听或阅读其他媒体的信息，例如书本、杂志、广播、音乐播放器。

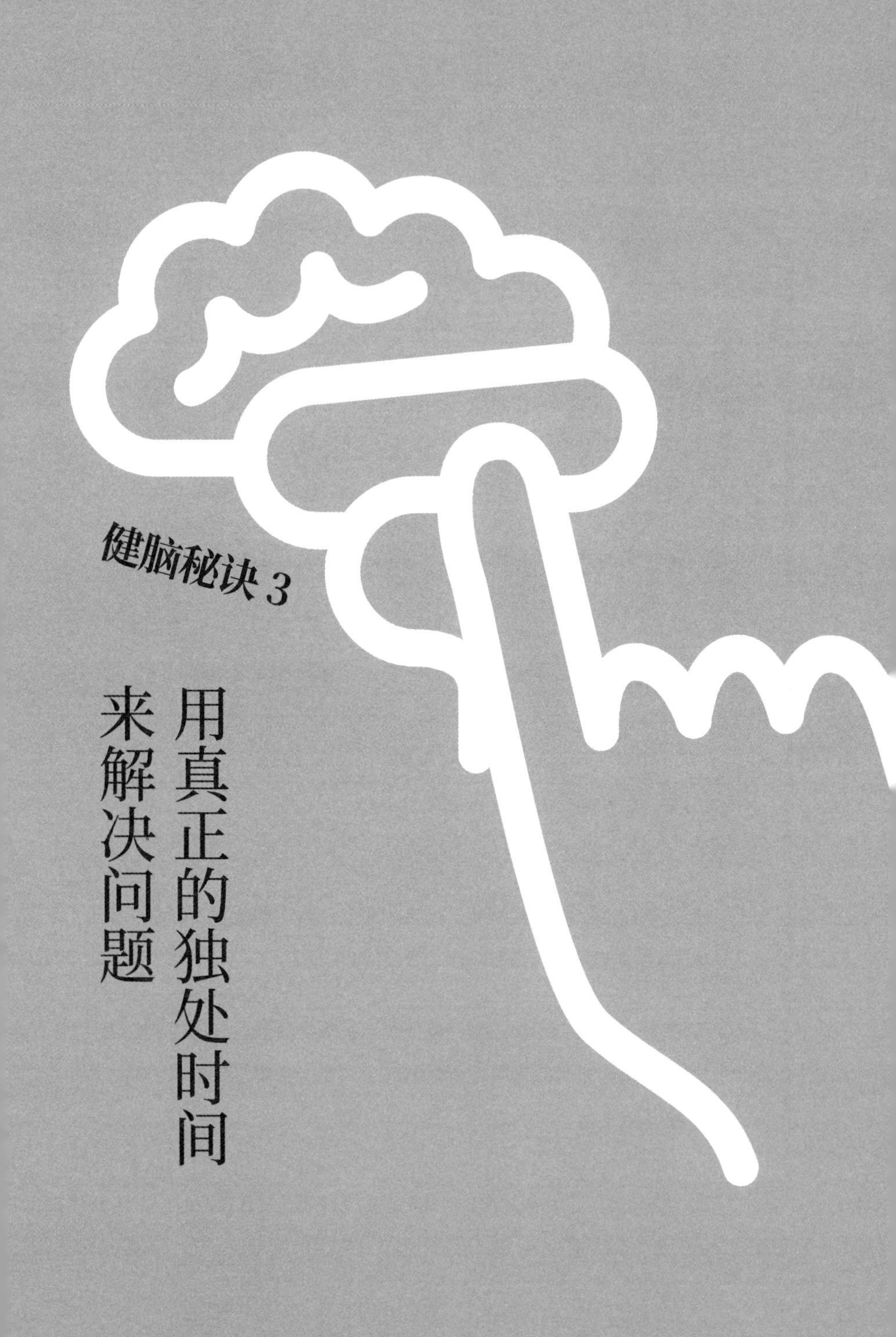

健脑秘诀 3

用真正的独处时间来解决问题

创意从何而来

知道吗？有一种方法保证可以帮我们更好地解决问题。这种方法不要钱，也不用花太多时间，随时随地都能派上用场。它看起来可能非常简单，但其实还是需要一定的练习才能掌握的。这个方法就是：克制消费行为。

就这么简单！具体来说，就是要有意识地不消费任何产品。这才是真正的独处时间，在这段时间里，除了思想和情绪，你什么也没有。

你有没有过在洗澡时灵光乍现的经历呢？如今，在浴室里也能使用某些电子产品了，但大多数人还是会在洗澡时选择放飞思绪。枯燥乏味的水流声屏蔽了其他声响；清洁身体的动作也可以自动进行，几乎不需要任何注意力就能够完成，足以让人们在洗澡时放下所有的精神负担。这样一来，我们的漏斗就可以逍遥自在了，大脑内部也能够形成崭新的联结。过去反复琢磨了很久的事，会在此时引发新的奇思妙想；已经拥有的知识也能得到深化与二次思考。

什么也不做的时候，我们会更聪明。考虑到现代生活的节奏，想要什么都不做并不是一件轻而易举的小事，但它仍然是必不可少的。要驾驭电子屏，很大程度上取决于我们在不使用电子屏的时间里要做什么。这就和锻炼肌肉一样。要保持强健，很大程度上也取决于我们在没有运动的时间里，比如恢复阶段，要做些什么。说到电子屏和消费数字产品，人们有时会简单粗暴地称其为“打发无聊”，但我们应该更为深入地探讨这个问题。

心理学家桑迪·曼（Sandi Mann）致力于研究“无聊”这个课题。她将无聊描述为一种大脑向外界寻求刺激却一无所获的状态。感到无聊时，我们的思绪会转向内部，企图寻找刺激。人的经验如同一汪池水，思绪在这个池子里游荡，往往便会以新的方式将各种经验联结起来。于是，我们便得到了看待已知事物的新观点，从而解决问题或是发现新的机遇。

由于漏斗每次只能出现在某一个地方，因此，如果我们正在聚精会神地处理其他事情，上述过程就不可能发生。也就是说，如果主动型注意正在忙着完成困难任务，或是刺激驱动型注意正在忙着看电视，那么我们都不可能拥有上述那种问题解决能力。这时，大脑正全神贯注地吸收新经验，对其他思绪和过往经验都无暇顾及。

有一个经典的创造性测试，需要人们在给定的时间内想出某个常见物品的多种用途，例如纸杯，想得越多越好。在桑迪·曼的研究中，她在这项测试里增加了一个步骤。在第一轮实验中，她先让被试完成一个无聊的任务：用 15 分钟时间，誊写通讯录上的电话号码，还要保证准确率。之后，再让被试完成纸杯测试。控制组则不需要完成无聊的任务。结果发现，先完成无聊任务的被试比未完成该任务的控制组被试想出了更多种纸杯的用途。

在后续实验中，预备任务更加无聊，研究者希望进一步刺激被试进入放空的状态。誊写号码可能还是需要保持专注的，因此，研究者让被试用 15 分钟的时间大声念出通讯录上的号码。先完成这项任务的被试想出的纸杯用途比控制组更多，也比上一轮实验里的被试更多。突然之间，纸杯被当成了耳环、乐器，甚至是文胸，[23] 为什么不可以呢？

大声朗读电话号码这个任务是可以完全机械式地进行的，不需要任何特别的专注，就跟洗澡或完成其他简单任务一样。因此，我们的思绪得以在心灵内部自由漫游，寻找刺激。

如今，人们甚至可以研究在避免消费新信息时，大脑活动的确切机制。研究发现，大脑表现出的活动强度并没有降低，甚至有些脑区的特定网络只有在未收到外界刺激时才会激活，这些区域统称为默认模式网络（default mode network）。[24]

默认模式网络的内部加工过程可以分为三大类：

自传体思维（Autobiographical thinking）：帮助我们回忆过去的经历，将它们联结起来，构建出来龙去脉。新信息很可能就是以这种方式与过去的知识和经验建立联结的。

心理化（Mentalization）：对他人的所思所感进行想象，是共情能力和合作能力的基础。

自我参照（Self-reference）：关系着建立完整的自我表象。我如何适应生存的环境？我的梦想是什么？我的身份又是什么？更直截了当地说：我是谁？我想成为什么样子？

我们都知道体育锻炼的原理。首先，要让肌肉承受压力，暂时变得脆弱；然后休息，在这段时间里，肌肉不仅会恢复，还会变得比之前更加强壮。如果我们不停地锻炼，不留出足够的恢复时间，就很可能造成肌肉损伤。

大脑的默认模式网络表明，相似的原理也适用于消费新信息。

例如在观看扣人心弦的电影时，我们的全部注意力都用来加工这种强烈的体验了。如果电影效果过于逼真，就会导致我们看完后心力交瘁。只有在过了一阵子之后，等到默认模式网络启动时，我们才能彻底加工种种体验。也许是回想起了电影中的某些场景，联想到自己过去的经历，然后突然获得全新的领悟。也许是思考其中某个角色的行为动机，然后换位思考，自己会作何选择，等等。儿童尤其如此，要是有足够的时间来消化看过的电影和其他经历，他们就会提出更多疑问和思考。成年人其实也一样，只是我们有时候并未察觉。

流媒体的自动播放功能让人们获得了源源不断的新体验。但如果过度沉溺其中，大脑就找不到机会去消化吸收，将这些经验内化为我们的一部分。如果花很多时间来浏览订阅信息，也会发生同样的事。只有暂时停下来，腾出时间启动默认模式网络，才能将观影体验或新信息彻底内化为自己的经验。留给默认模式网络的时间越多，新经验就越能与生活中的其他事件建立良好的联结。

如果锻炼过度，肌肉就得不到充分的生长时间。同理，如果消费过度，也无法彻底吸收各种生活经验。只要拥有片刻闲暇就掏出手机，这看似是在放松，实际上却是让你把恢复精力与接收新信息的奖赏混为一谈。人们似乎必须付出更多努力，才能让精神从各种消费中得到片刻的喘息，转而进行内省。原因很简单，因为做这些并不能获得即时的奖赏。新鲜感本身就是一种奖赏，哪怕它既没有意义，也并不有趣。

如果花了太多时间瘫在沙发上，或是浏览各种订阅信息，我们反而会感到十分疲惫，而不是养精蓄锐后的精力充沛。这就和暴饮暴食一样，并不能为我们增加营养或能量。

一直以来，迅速断开默认模式网络对人类来说都是至关重要的能力。听到身后的灌木丛沙沙作响时，我们必须全神贯注地开始观察，如果继续放空，可能会招致杀身之祸。但是，到了现代社会的信息浪潮中，事情就恰恰相反了。今天，所谓的放空变得稀罕起来。放空能帮助人们更好地内化各种经验，提升创造力，增强共情能力，让自我表象更加清晰。如果大脑总是忙着处理不断沙沙作响的灌木丛，那么加工上述过程的脑区就无法开展工作。自人类诞生以来，大脑的工作方式就一直如此，所以面对崭新的生存环境，我们必须采用全新的策略。关键是要摸索出大脑的运行规则，才能在提升幸福感的同时不至于变得疲惫不堪。

我们必须对默认模式网络加以适当调整，才能深入理解和掌握新知识。要从消费者转变为生产者，创造属于自己的独一无二的生活方式，形成自己的人格。无休止的消费充其量只能让我们像鹦鹉学舌一般接收信息，让生活沦为对各种消费品的苍白复制。

但是，如果我们能成功遨游在信息浪潮中，也能获得前所未有的机遇。我们能在极短的时间里成为某个自己感兴趣的领域的专家，也可以找到施展才能的舞台。关键是要在消费与激活默认模式网络之间寻求平衡。对待消费，应秉持质量大于数量的原则，提升消费体验，以便获得更好的状态。

自我信念塑造行为

所以，要想实践新的健脑秘诀，我们是不是就得在密密麻麻的待办清单上写下更多任务呢？当然不是。本书致力于让你能够富有智慧地工作，并满足每个人在不同领域的需求。默认模式网络的其中一项优势就是帮助我们快速形成新习惯，效果比待办清单还要好得多。

改变行为的最佳方式就是改变自我信念。其实，调整自我表象要比改变深入骨髓的习惯更简单。我并不是要建议你完全照搬他人的行为方式，像在执行绝密任务的间谍一样。我们要做的比间谍简单多了，也更加实在。

2011 年，斯坦福大学的一个研究团队进行了一项有趣的研究。

研究对象是即将参加选举投票的登记选民，这项研究“对客观测量的投票率产生了有史以来最显著的实验效应”。

实验安排在两次不同的选举之前，但实验结果完全相同。两组选民只需要填写问卷，所有问题都和即将进行的选举有关。向第一组被试提问时，问卷上使用动词来指代投票这个行为：“为即将到来的选举投票，对你来说有多重要？”

向第二组被试提问时，问卷上的问题虽然相似，却使用了答题者的身份来指代：“在即将到来的选举中成为选民，对你来说有多重要？”这个区别看似无关紧要，结果却让人大吃一惊。选举结束后，研究团队进行了追踪调查，询问表达过投票意愿的选民是否真的参与了投票。他们发现，被问到身份问题的被试会将自己的角色视为主动投票的个体，参与投票的人数更多。根据以上结果可以得出结论，如果鼓励人们把投票行为当作自我身份的一种表达，他们就更有可能投票。投票这个概念成了人格的一个组成部分，而不仅仅是人们所做的事。[25]

《消费者研究杂志》（*Journal of Consumer Research*）上发表的一项研究探讨了坚持完成计划的策略。研究者招募了一群注重健康的女性，请她们找出自己想要改善的领域。研究者将被试分为三组，要求各组使用不同的策略来增强毅力。在接下来的 10 天里，她们每天都会收到提醒要使用策略，并在履行计划后汇报当天的进度。在坚持不下去的时候，第一组被试的策略是想想什么“不能做”，例如“我今天不能吃甜食”；第二组的策略是告诉自己“我不吃甜食”；第三组是对照组，只需要在出现诱惑时对自己说“不要做”。

在这 10 天里，不同小组坚持下来的人数表现出明显差异。控制组有 30% 的被试通过了考验；告诉自己“不能”失败的第一组，只有 10% 的被试熬过了这 10 天；而使用“我不吃甜食”这种身份策略的第二组，有 80% 的被试坚持下来。[26]

当我们把某些事情当作自己的性格使然，就不必总是费尽心力、一次次做出决定了。我们是什么样的人，自然就会怎样做。这些行为不再是一连串必须做的事情或者决定，这和越来越长的待办清单截然不同。

再介绍一个典型例子：有些人自诩为素食者，所以不吃肉，就这么简单。而有些人“努力多吃素食”，每次吃饭时都要做出一个决定，为坚持这种饮食习惯耗费了大量精力。

我和家人会在家里讨论我们是哪种人、希望成为哪种人。“我是运动爱好者”和“我需要做运动”这两种说法的区别很大。这样写出来，可能感觉不出有多大差异，但你可以试着在与人交谈的过程中用这种方式来谈论自己在意的事情。思考与表达的方式会成为行为的基础。

下一步，要把默认模式网络好好利用起来。前面我说过，自我表象就是在负责默认模式网络的脑区形成的。请安排固定的时间段，在这段时间里避免消费新信息，而是思考人生中的大事。你可以从思考以下句子开始：

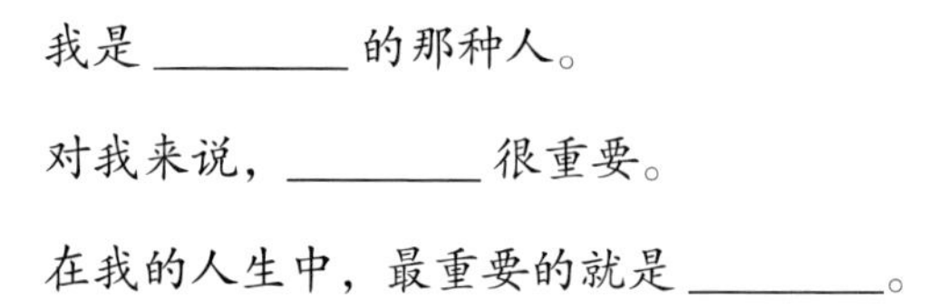
我是 ________ 的那种人。

对我来说，________ 很重要。

在我的人生中，最重要的就是 ________。

你只需要在横线上填空，然后思考补全的句子。等你学会更多健脑秘诀，学会各种让你状态满分、效率满格的技巧后，就能把这些句子内化到默认模式网络中去了。这并不是什么重复咒语，或是要你疯狂复述自我肯定的话。相反，这是在对我们生活中的各个重要领域进行深入思考，让新的想法与过去的经验紧密联结起来。用重要的问题激活默认模式网络可以帮助你逐步形成身份认同和生活态度。这些脑区被激活后，创意将随之出现，你可能会突然发现从未想到过的机遇。

手脑模型

丹尼尔·西格尔（Daniel Siegel）是美国加利福尼亚大学医学院的教授，同时也是内科医生和精神科医生。几十年来，他一直致力于研究儿童发展和成人发展。他擅长以通俗易懂的方式介绍最前沿的神经科学，并为新的研究发现开发实践应用方式。现在，我们要学习他开发的一种工具，来帮助我们驾驭电子屏。西格尔在他撰写的多本著作中都曾介绍过这个模型，其中一本是《青春期大脑风暴》（*Brainstorm: The Power and Purpose of the Teenage Brain*; Jeremy P. Tarcher/Penguin, 2013）。

请把手举到面前，看着手背，把大拇指折向掌心，然后再把其余四指向下弯折。现在你看到的就是一个简化版的大脑模型。四指代表大脑皮层，是大脑的最外层，厚度大约 0.5 厘米，负责高级思维，包括对问题进行深入思考、调整注意对象、做出复杂决策、根据梦想和长期目标制订计划。大脑皮层是人脑最晚进化出来的部位。

四指之下的大拇指代表大脑的边缘系统。有时候，人们也会不那么严谨地把它叫作“情绪脑”。现在我们已经知道，心理现象与特定脑区并不是一一对应的关系，许多心理活动其实是不同脑区协同作用的结果。边缘系统对情绪具有重要作用，包括爱、攻击、动机，但它也与记忆息息相关。这些脑区比大脑皮层出现得更早。哺乳动物都具有边缘系统，它对依恋系统的激活发挥了关键作用，而依恋系统能鼓励亲子互相照应，保护彼此的周全。

大拇指之下是手掌，代表人脑最古老的区域，即脑干，人们喜欢称其为“爬虫脑”。它对人体的基本机能具有重要作用，包括体温调控、呼吸、心率、警觉。脑干中还有一些脑细胞簇负责激活求生机制，例如战斗－逃跑－僵化反应。

现在，我们重新弯下四指，继续讨论大脑皮层。大脑皮层的最前端，也就是手指关节处，是被称为“控制中枢”的前额叶皮层。它负责调控执行功能，如冲动控制、因果推论、抑制对刺激的反应。我们经常在媒体报道中听到前额叶皮层的名字，它已经是最著名的脑区了。

有个疑问一直让人们百思不解：人的大脑与其他动物到底有什么区别？人类的想象力、共情能力、创造力、高级思维到底应该归功于什么？这个问题比我们想象的更难解答。许多大型哺乳动物拥有相对体积更大的大脑和前额叶皮层。是什么让人脑与众不同呢？一个被广泛接受的理论认为，这是由于人脑的不同脑区能够协同工作。[27] 也就是说，不同脑区相互协作，作为一个统一的整体，获得了更强大的能力。

但这种协同作用也并不是每次都能奏效。我们喜欢制订计划，然后又会在遇到诱惑时偏离计划；我们也很容易发脾气，说出一些让自己后悔的话，事后又不得不道歉。当然，人性如此，但这也说明了不同脑区有时是无法成功协作的。但是，我们可以通过训练来提升这种能力，让不同脑区更好地协作，从而利用全脑。

说回手脑模型。你的四指弯下来碰到了拇指，这就相当于大脑皮层与边缘系统之间的联结。在这种情况下，我们就可以把强烈的情绪诉诸语言，以现有的最佳方式来进行沟通表达；我们还可以按下暂停键，对情绪和动机进行反省，从而做出明智的决定。这样一来，我们便得以发挥全脑的惊人力量了。但是，如果你把四指伸直，断开了它们与拇指的联系，就无法保持冷静，可能会做出让自己后悔的事来。因为此时边缘系统不再受前额叶皮层的控制，二者无法协作。

很多人认为，为了做真实的自己，我们应该直截了当、不假思索地表达情绪。这是一种误解。这样做实际上只利用了特定的几个脑区，准确来说，就是最古老、最原始的那些脑区。只有在成功抑制了对别人发脾气的本能行为，试着听对方解释时，我们才是在同步利用各个脑区。

我并不是要鼓励你变得冷血、超脱、虚伪，事实上恰恰相反！强烈的情绪并不会就此消失，但它不再会让你做出任性、具有破坏性的冲动行为。想要理解立场不同的人，就必须与前额叶皮层保持联结，这也是共情的先决条件。如果人类没有对抗冲动的能力，文明也就无法建立。利用全脑，也意味着我们依然可以使用更为原始的脑区。遇到真正严重的威胁时，脑干的逃跑反应仍然能够帮助我们快速应对。

在日常生活中，我们会遇到大量外部刺激，就算大脑皮层很清楚，此时此地并不存在真正的威胁或奖赏，那些原始脑区也依然会以迅雷不及掩耳之势做出反应。刺激驱动型注意被边缘系统和脑干激活了。这时，我们的漏斗立刻转向沙沙作响的灌木丛，暂时与前额叶皮层断开了联结。如果用手脑模型来演示，那么这时你的手指已经伸展开来、相互分开了。我说过，这时默认模式网络便断开了联结，依靠默认模式网络来理解他人、进行创造性思考，都做不到了。

还好，我们可以让默认模式网络与大脑皮层重新建立联结。用手脑模型来说，就相当于让四指重新紧扣拇指。与脑干建立联结后，前额叶皮层就可以控制呼吸。深呼吸，有意识地放松肌肉，可以缓解压力反应，让我们重新获得同步利用不同脑区的能力。同时，在大脑皮层与边缘系统之间建立联结，则能帮助我们反思当前触发的情绪反应。

经过训练，不同脑区将越来越像一个整体。一段时间过后，边缘系统和脑干就不会再频繁地发号施令了。它们和大脑皮层之间的联结已经变得更加牢靠，当我们身处的情境实际上并不危险时，完全可以相信它们会解除警报。更实际地说，这代表我们对压力的容忍度提升了，过去手足无措，现在却可以保持冷静，在精神上掌控全局，也不再需要对所有刺激一一做出回应了。

接下来我会说说具体的训练方法，但其实就算不知道方法，你也可以很快看到成效。之前我说过，第一步是给自己留出时间，拒绝消费新信息，然后才有可能暂停一切，进行反思，让大脑皮层与其他脑区建立联结。

儿童也可以通过简化的手脑模型来学习、获益。他们的脑部还在发育，尚未达到成人的统合性，更容易被情绪控制。在每个儿童的成长过程中，发脾气和哭闹自然都是不可避免的。我们要为孩子提供更多机会和更长的时间来训练大脑的同步作用。在这个过程中，我们要谨记：冲动控制、情绪调节、制订长期计划等能力都需要很长时间才能发展成熟。

曾经有一天，刚满 6 岁的大儿子马尔科姆问我大脑是如何工作的。他知道这是我的兴趣领域。我刚好学到了手脑模型，于是便演示给他看。我解释说，四指代表大脑的二楼，是进行决策和深思熟虑的地方；拇指是一楼，是各种强烈情绪的源头。当我们"攥住"拇指时，就是在一楼和二楼之间搭起了一道楼梯，于是我们就可以谈论各种强烈的情绪，而不是大喊大叫或刻薄地对待彼此了。然而，如果四指伸开，断开了与拇指的联结，我们就"暴走"了。这时，愤怒控制了我们，我们就会使劲儿把玩具甩出去。

我和儿子聊到这里就结束了。我以为他会把手脑模型忘得一干二净。但不久之后，改变悄然发生了。在一次家庭矛盾发生后，马尔科姆一气之下冲出了房间，但过了一会儿又自己回来了。他先是握紧了拳头，然后松开手指，说："对不起，我的脑子'暴走'了。我说的那些话并不是那个意思。"在这激动人心的一刻，我为了避免自己惊讶失笑而咬住了嘴唇。有时候，孩子早已花了很长的时间来消化学到的新东西，只是没有告诉别人而已。

除了化解冲突，手脑模型的最佳用途是帮助儿童理解自己并没有错，他们的大脑还未发育完全，还需要时间，顺其自然就好。

有人认为大人必须当场管教发脾气的孩子，手脑模型也反驳了这种观点。有些人主张一定要在冲突发生的过程中纠正孩子，否则他们就什么也学不到。但现在我们明白了，这种想法并不正确，事实恰恰相反。在“暴走”时，孩子根本没办法理性思考。这时，他们大脑中最原始的部分正忙着执行战斗 – 逃跑 – 僵化反应，四指张开，无法再与拇指协作。因此，不管是朝着孩子大喊大叫，还是责骂他们，得到的效果都完全一样。在这种情况下，这样做只能让孩子学会动物性的条件反射，想要尽力逃离现场。

几小时后，冲突平息，一切归于平静，这时才是学习的好时机。你可以和孩子聊聊刚才发生的事情，孩子也能用前额叶皮层来理解、思考了。这时，他们才能学会共情，站在冲突各方的立场上去感受和思考，也更容易为以后可能发生的同类事件制订解决问题的计划。真正的管教发生在平静的对谈中，大家都心平气和，才有可能利用全脑。今后再次发生冲突时，此时学到的东西就会发挥最大的作用。

希望你不要误以为，手脑模型对成人的作用没有对孩子那么大。回想一下你和伴侣的争吵，在双方怒火攻心的时候，你们有几次制定出了双方均可接受且可以实际操作的长期解决方案呢？我猜少之又少。成人的理性思维同样需要大脑的协同作用。

有意思的是，手脑模型还能帮助我们驾驭电子屏。使用新技术时，前额叶皮层通常会断开联结。这样一来，深层价值观和长期计划也同我们失联了。其实，我们今天使用的许多技术都是被刻意设计成这个样子的，目的就是让手脑模型中的四指松开。

注意力经济会让我们变傻吗

许多人认为，现在的社交媒体就相当于人们以前和好朋友煲电话粥，只是一种自然的延伸。曾在谷歌负责伦理设计工作的特里斯坦·哈里斯（Tristan Harris）则持有截然不同的观点。如今，和哈里斯一样，已经有越来越多的技术开发者发声反对社交媒体的现状。

今天的社交媒体与传统的煲电话粥之间有着天壤之别。无数世界顶尖的开发者共同创造了社交媒体，他们只有一个目标：让用户把时间消耗在这个平台上，消耗得越多越好。而用户自己的目标只是想和朋友交流有意义的信息。哈里斯现在是人文科技中心（Center for Humane Technology）的负责人，他认为人们和社交媒体平台之间的利益冲突已经出现了。人们绝不可能把“浪费时间，多多益善”当成自己的目标。

詹姆斯·威廉姆斯（James Williams）也曾在谷歌负责广告策划工作。他写了一本书，叫作《站开点，别挡着我们的光》（*Stand out of our Light: Freedom and Resistance in the Attention Economy*; Cambridge University Press, 2018）。他做过一次 TEDx 演讲，[28] 坦率而直接地阐述了注意力是如何成为新经济时代的本位货币的。我们以为应用是免费的，但事实上它们是付费的，只不过支付的是人的注意力，而注意力的价值可能远远超出我们的想象！

就像特里斯坦·哈里斯所说的那样：这个行业就像是跑步比赛，终点在脑干的最下边。谁能成功打入人脑的原始系统，谁就能让人们成为其消费者。

为了实现这个目标，开发者运用了前沿的心理学、生物学研究成果，他们设计的方案能巧妙规避用户的长期目标。这些长期目标由大脑皮层掌管，因此，社交媒体必须提供即时奖赏，以此控制低级脑区，掌控刺激驱动型注意，最终达成目的。新信息出现时会以抓人眼球的小红点作为信号。订阅信息的页面可以一直滑动，永无止尽。这些设计都不是巧合。前额叶皮层还没来得及按下结束键，自动播放功能已经开启下一个视频了。

奈飞（Netflix）总裁里德·哈斯廷斯（Reed Hastings）认为，公司的主要竞争对手并不是电视或 YouTube，而是人们对睡眠的需求。[29] 他们正致力于稳步夺取这部分市场份额。

色拉布（Snapchat）是当下最受欢迎的社交媒体平台之一。我写作本书的时候，该平台每日平均活跃用户已达 2.1 亿。这个应用的主要用户为年轻人，许多用户都用色拉布取代了传统的文字短信。色拉布有个特别的功能叫“色拉布连击”（Snapstreaks），是一种奖赏系统，会根据你和朋友使用该应用交流的天数给你们打分。如果某天使用中断，分数就会锐减。分数代表着社会地位，想要保持高分，我们就必须全天候地投入，但这种沟通本身很少是有意义的。在后面的章节中，我们还会讲到各种各样的积分如何让人们的亲密关系变成了交易。

最后，我想引用 Facebook 前总裁肖恩·帕克（Sean Parker）的著名言论。他在一次采访中提到，从一开始，他们的目标就是要“利用人类心理的弱点”，希望用户能在他们提供的服务上投入大量时间与注意力，越多越好。

帕克解释说，他们之所以发明点赞功能，就是为了实现这个目标。让用户得到奖赏，就能鼓励他们发布更多内容，最终形成自给自足的社会赞许反馈回路。

谈到可能产生的后果时，帕克直言不讳：“这样做会对小孩的脑袋产生什么影响，只有老天爷才知道。”

批评声越来越多，而发声的人又恰恰是应用开发者与科技爱好者，并不是原本就反对技术的人。是时候引起重视了。如今，注意力经济原则不仅适用于社交媒体用户，在电视、新闻、政治等领域也变得越来越重要了。广告商购买了我们的注意力，精确度量我们花出去的时间，绞尽脑汁、不惜代价地让我们投入更多时间。新闻和电视节目故意让我们感到震撼，抢夺大脑的底层，只要我们“暴走”了，就会断开与大脑皮层的联结。

研究发现，在 Facebook 上引起激烈讨论的内容，得到的分享和点赞几乎是其他内容的两倍。[30]

政论节目的风格总是简单粗暴，力求引发更多争议。细微的差异和对背景的探究都会激活大脑皮层的理性思维，因此要尽量减少这些要素。如果我们拥有哪怕一丁点儿的时间来反思，就会清楚认识到这些东西并不重要，转而投入到其他事情中去。只有当大脑的一楼和二楼协同合作时，我们才能进行真正的选择，而不是被本能控制。

当社会事件引发热议时，手脑模型的作用便更加明显了。想要理解他人、有效沟通，就要保证所有脑区都能联通。能够反思并不代表我们“变得冷漠了”，只不过是让我们可以用语言来表达情绪而已。这也能帮助我们找到更好的解决方案，更好地与他人合作。

我们无法在惊慌失措时做出改善。引导孩子面对困境就是很好的例子。想要成功，父母必须给孩子树立榜样。要是眼前这个人与自己意见不合，我们的大脑还能完成全脑协作吗？如果双方都能保持冷静，握紧拳头只是为了演示手指紧扣的手脑模型，我们就会发现，两个功能完备的大脑比一个大脑更厉害。即便意见不合，我们也能创造性地想出切实可行的解决方案。我们所做的这一切可以教会孩子如何与其他小伙伴相处，他们终究要迈出这一步。

所以，新技术到底有没有让我们变傻呢？“回不去的日子是最美好的”“现在的孩子一代不如一代”，这些陈词滥调亘古不变，贯穿了整个人类发展史。据说早在两千多年以前，古希腊哲学家苏格拉底就曾抱怨过年轻一代的道德沦丧。这是否意味着，我们可以简单地接受这一论点，把各种有关世风日下的抱怨都仅仅视为某一辈人对自己的特殊习惯与处事方式的偏爱呢？当然不行。我们依然要从科学的角度来进行探讨，这是最基本的。

如前所述，4 万年以来，人脑的生理结构并未发生太大的改变，但人类在许多方面都变得更加聪明了。过去一个世纪以来的智力测验分数就是证据。人类的智力水平一直在快速攀升。自 20 世纪 30 年代起，人们的平均智商每隔 10 年就会增长 3 分。总的来说，每一代人都变得更聪明了，而且在世界各地都发现了这一趋势。

这种现象称为弗林效应（Flynn effect），是以澳大利亚研究者詹姆斯·弗林（James Flynn）命名的，他是第一个注意到这种现象的人。但人们目前还未就弗林效应的形成原因达成共识。各种观点都有，可能原因包括饮食的改善、传染性疾病的减少、儿童生活环境中刺激的增多、读写能力的提升，以及就业市场需求的增加。

然而，在过去 10 年间，出现了一个重大转折：弗林效应不仅势头锐减，甚至出现了反转的迹象！ 2018 年开展的一项跨国研究发现，在很多国家，人们的智力水平开始下降。这种趋势在斯堪的纳维亚地区表现得最为明显，英国、法国及德语国家也出现了同样的势头。由升转跌的拐点出现在 1995 年。负责该研究的团队推测，这种转变可能与人们开始广泛接纳电子文化有关，之前更为抽象的思维方式开始被具象思维所取代。[31]

在挪威进行过一项相当大规模的研究，共有 73 万名被试参与。结果表明，在上述拐点出现之后，每隔一代，人们的平均智商要下降 7 分。以家庭为单位，也出现了这种趋势，孩子的分数比父母更低。该研究得出结论，环境的改变是造成以上种种结果的原因。[32]

另一个令人担忧的迹象来自一项针对问题解决能力与创造性的

纵向研究。《托兰斯创造性思维测验》（*Torrance Tests of Creative Thinking*）是这类研究中最常使用的测试工具。它编制于 1958 年，之后每隔 10 年就会对测验结果进行汇总，最近一次汇总的数据中包括了全年龄段的 27 万名被试。

和弗林效应一样，人们的创造性思维曾以 10 年为周期不断增长，但也在 20 世纪 90 年代的某个时间点出现了拐点，其趋势由增长变为下降。问题解决能力降分最明显的是学龄前儿童。创造性的退步表现为创意和解决方法的数量减少，以及缺乏原创性和独创性。[33,34]

最后我们再来看一个来自系统性综述的证据。密歇根大学的一个研究团队收集了 72 项研究的结果，这些研究的开展时间不同，但研究主题都是美国大学生的共情能力。研究者发现，过去 20 年以来，大学生的共情能力下降了 40%。他们认为，这可能是因为越来越多的人际互动是在线上进行的，导致非直接沟通增多，而社交方式的改变也会影响人际关系。[35]

需要谨记的是，我们讨论的都是只有在大样本群体中才能观测到的整体趋势。这种趋势无法用特定的单一原因来解释，这一点很重要。作为个体，我们可以做的还有很多。你我都不是平均值的代表，我们还可以努力把控生活的方方面面，驾驭电子屏。

未来还有希望。特里斯坦·哈里斯指出，这不仅仅是某一项新技术的问题。作为消费者，我们必须把自己的想法表达出来。哈里斯在另一次演讲[36]中提到，麦当劳之所以提供沙拉，是因为顾客提出了需求；美国折扣连锁超市沃尔玛也做过同样的事，迫于顾客施压，才决定出售有机食品。

设想一下，开发者站在我们这一边，乐意开发出能够满足我们需要的产品，那时科技将会为我们提供什么呢？我们已经拥有足够的知识，可以设计出辅助大脑反思能力的电脑软件，来支持我们实现长期目标、深化人际关系、把时间花在刀刃上了。这样一来，新技术会让我们变得更加专注。上文中说到限制使用科技的地点和时间那条健脑秘诀时，曾介绍过这类应用。就像市面上的有机认证食品一样，相信有一天，得到“大脑认证”的电子产品也一定会问世。

简单的冥想练习

我们的大脑原本就非常古老，注意力经济还蓄意破坏它的功能，让它难以找对方向。但是还好，希望还在。一旦找到有效策略，这一切就能迅速得到改善。你的大脑是一个灵活的器官，只要与之合作而不是与之抗衡，效果立竿见影。你会感到更幸福，也能顺利完成各种重要的任务。

早在几千年前，人们就明白练习能改善大脑的表现。为了训练大脑，各种冥想练习应运而生。前额叶皮层与其他各脑区的联结都会在练习中得到加强，从而有利于实现全脑的协同作用，帮助我们更好地应对压力、保持冷静、集中注意力，心情更愉快、思维更敏捷。

然而，至今仍有许多人并不清楚，冥想包括三种不同的类型，效果也各不相同。[37] 这三种冥想都很容易上手，但如果想要实现长期目标，最好是找到适合自己的类型。

第一种冥想叫作“控制专注”（controlled focus），需要调动主动型注意，将漏斗维持在固定位置，可能是呼吸、身体各个部位的感知觉、情绪或想象出来的表象。如果漏斗不小心离开，脑海中冒出了其他想法，只要缓慢地让漏斗回到原来的位置即可。这种冥想在佛教、瑜伽和现在的正念方法中较为常见。正念的另一种解释是“有意识的存在”（intentional presence）。科学研究证明，它与多种积极效应相关，如降低压力水平、提升幸福感等。[38] 控制专注冥想在企业中广受欢迎，因为提升专注力正是企业追求的目标。

心理学家约翰·贝尔格斯塔德（Johan Bergstad）多年来一直担任正念教育家。在《大脑注意力》（*Hjärnfokus*; Bokförlaget Forum, 2019）一书中，他指导读者轻松学会正念，其中也包括“PARK 练习”，这 4 个首字母分别代表瑞典语中的姿势、呼吸、计数和回归。[39]

你可以先将计时器设定为 5 分钟，笔直但放松地坐到椅子上，双脚放在地板上。闭上眼，注意感受完全自然的呼吸过程。过一会儿之后，开始边呼吸边计数，从 1 到 10，然后从 10 到 1，循环往复。如果发觉注意力有所偏离，产生了其他想法，请缓慢地让它回归，并继续一边呼吸一边计数。熟悉整个过程后，你可以逐步延长时间，直至能够完成 10 分钟或更长的练习，获得程度更深的放松与存在感。

你可能会发现，本书已经介绍过这种练习了。单点清单也有一个类似的固定点。当工作让你精疲力竭、心不在焉的时候，这个固定点能帮你拽回漏斗。从根本上来说，我们就是把整个工作日变成了一场冥想练习，当我们完成了任务、缓解了压力，这就是练习的成果。

第二种冥想叫作开放监控（open monitoring），也是正念及佛教的重要组成部分。你现在就可以试试这种冥想。同样将计时器设定为 5 分钟，以笔直但放松的姿势坐到椅子上。这次不用再选择注意对象了，只需要记录你感知到的各种感觉。注意周围的噪声、自己身体产生的感觉印象、各种气味，任由一切来去，不作任何改变。将脑海中浮现出来的各种情绪和想法都记录下来，但不要沉溺其中，只要注意到它们稍纵即逝的本质即可；不要去评判，只要觉知它们的存在，任其漂浮流动就好。

这种冥想的关键是要静待一切出现，不做出任何好坏评判。它通常和维持一整天的平稳心境有关。通过这种练习，我们可以训练自己去感知正在发生的一切，但不用立即做出反应，也不用在心里进行评价。这对日常生活很有帮助，能让我们保持冷静、思路清晰、深思熟虑后再采取行动，而不只是被动反应。在注意力经济时代，连绵不绝的信息流总是希望人们用大脑的底层来做出反应，而这种冥想可以与其对抗。掌握了这种能力，你就能洞悉一切、专注全局。

在开放监控练习中，虽然漏斗游走在不同的感觉印象之间，但我们仍然在调用主动型注意。漏斗不断偏离到正在发生的事情上，然后又回到原位。换句话说，我们在刻意地集中注意力，这必须付出努力才能办得到。

我们已经知道：集中注意力时，大脑的默认模式网络就会停止工作。不管是调用刺激驱动型注意来消费新信息，还是调用主动型注意来完成特定任务，都会出现这种现象。

对正在正念冥想的人进行脑扫描的结果也证实了这一点。研究者利用磁共振成像技术对正在完成控制专注或开放监控冥想的个体进行了脑扫描，发现默认模式网络在两种情况下都停止了工作。[40]

第三种冥想叫作自动式自我超越（automatic selftranscending），不需要投入精神努力就能完成。虽然名字听起来十分高端，但它的真正含义只是要超脱你此刻正在做的事。换句话来说，就是首先你要忘记自己正在冥想！

为了做到这一点，人们常常会使用真言。这种冥想使用的真言是由一两个音节组成的，只要默念即可。真言非常简单，所以这种默念很快就能自动化，让你的思维得以自由放飞，你就再也不需要指挥注意力，让它专注于某个对象了。同时，真言会阻止你在心里进行评价，从而避免沿着清晰的思路展开思考。漏斗仿佛在脑子里任意驰骋，它会发现四壁光滑，没有东西可以附着。这样一来，你就不必不断地回到现实中，也就可以达到程度更深的休息状态。研究者发现，这种冥想能激活大脑的默认模式网络。[41]

这种冥想起源于印度吠陀，在奠定现代印度教基础的古代著作中也曾被提及。近些年，超越冥想运动（Transcendental Meditation）成了这种冥想的主要推动者。许多名人也纷纷加入，包括披头士乐队、阿诺德·施瓦辛格和水果姐凯迪·佩里（Katy Perry）。但该运动也因高额培训费和伪宗教活动而受到了批评。

这种冥想还有一种变式，时间限制更少，现在我就来介绍一下练习方法。首先造词，用几个连读音节组成一个没有任何实际意义的词，例如格琳、克鲁特、布拉呜、斯比啉。将计时器设定为 10 分钟，以舒服的姿势坐下，闭上双眼。在心中重复默念这个词，整个过程中身体保持不动。不要操之过急，也不要用固定的节奏来默念。专注于真言并不是冥想的目的。如果真言越来越弱，顺其自然就好，重新来过也可以。

这种冥想不需要刻意集中注意力，哪怕练习更长的时间，也不会让人觉得疲惫，因为这是一种平静的内在探索。多动症儿童大多难以保持专注，但他们也能学会这种冥想。[42] 真言的作用类似于我们在洗澡、散步、洗碗时的简单动作：非常机械，可以让你放飞思维；但同时又足够繁琐，让你无法专注于其他任何对象。

我对上述三种类型的冥想都做过长期研究，它们各有各的厉害之处。

如果需要在完成困难任务前养精蓄锐，或是调节日常压力，控制专注冥想是最好的选择。它还可以让你为即将到来的任务做好准备。

开放监控冥想能帮助你学会识别、接纳自己心境的起伏，也可以让你保持冷静、应对压力、直面现实。

自动式自我超越冥想能帮助我们获得创意和新想法。它让我们得以超脱此时此地，完全进入默认模式网络。18 岁时，我学会了自动式自我超越，开启了探索冥想的旅程。那时，冥想是我生活中的重要一环，激发了我对大脑的浓厚兴趣。我的脑袋尝试探索极限，这让我拥有了奇异的感官体验。

我不由得将自动式自我超越比作冥想领域中的“坏小孩”。前两种正念类型以理性为基础，需要人们保持耐心、努力实现潜能。而自我超越则需要人们忘记此时此刻，超脱自己的潜能。也许，人们真的能够走得比这更远，产生精妙绝伦的想法。

可能你也注意到了，我们很容易在生活中发现这三种冥想的蛛丝马迹。有时，我们想要控制注意力，专注于某个任务，这是第一种冥想；有时，我们会在意识到的时候主动调控自己的情绪，这是第二种冥想；有时，我们会忘记自己正在进行的活动，例如一边遛狗一边放空，这是第三种冥想。闭上双眼、静坐冥想是这几种状态的升级版，相当于一种额外的练习，可以帮助你进入这几种状态。但这样的练习并不是必需的。在白天完成日常工作时，你也可以

“冥想”。当然，通过简短而正式的练习来探索自我会让我们受益匪浅，就好比在健身房进行体育锻炼一样。

在这个强调成绩又遍布各种消费诱惑的社会，我认为默认模式网络比以往更重要了。只有在我们似乎什么也没做的时候，它才会启动；但出人意料的是，这可能恰恰是生命中最关键的时刻。

要是出门散步不戴耳机、坐公交车不看点儿什么东西，你可能会觉得很不乐意。负面的想法和情绪很可能会在此时占据你的大脑，让你产生不适甚至困扰。

但我认为，企图用消费来应付困扰是错误的。学会和自己的想法、情绪和平共处，是每个人都应当掌握的重要技能。在后文中你会看到，这也是学会和他人的想法、情绪和平共处，即共情的先决条件。

如果你的想法与情绪来势汹汹，让人招架不住，你需要找个人聊聊，最好是能够帮你解决问题的专业人士。生活、情绪至关重要。征服自己的精神世界是困难且痛苦的，但不得不做。但你可以找个帮手，不需要单打独斗。

如果停止消费让你出现了陌生和沮丧的感觉，只要积极开始练习、将这一切融入日常生活中，就一定可以渡过难关。从轻松容易的开始，然后慢慢提升难度。结果可能会出乎你的意料！

大脑积分自评

初级

- □ 找一个在你的生活中反复出现的情境，最好是每天都能遇到的。之前你可能会在这时浏览手机上的信息或戴着耳机听东西。现在，用默认模式网络来取代这件事，停止消费。坚持一周后，得 1 分。

- □ 思考并补全以下三个句子，用进行上一项练习的那段时间来思考就很合适。这些句子并不是需要重复念叨的真言，而是为了让你思考它们对你的生活有什么意义。

  “我是 ________ 的那种人。”

  “对我来说，________ 很重要。”

  “在我的生命中，________ 是头等大事。”

- □ 除非是告诉你有人正在找你，请把其他所有手机通知统统关掉。我指的是新闻订阅通知、各种更新通知、社交媒体上的新消息等。调整手机设置，只有在有人主动联系你时，才发送通知。

- ☐ 将智能手机显示屏调整为黑白模式。你可以在网上找到自己的手机型号对应的设置方法。这样并不会影响手机的重要功能，但可以提升专注，带来出人意料的效果。坚持一周后，得 1 分。

- ☐ 设置自动回复，让所有联系你的人都能收到“稍后回复”的信息。它能缓解你必须立刻回复所有人的压力。重要联系人可以不设自动回复。你可以在网上找到针对各种短消息类应用的设置方法。

高级

- ☐ 每周抽出一天，完全戒断所有新闻，也就是不看任何新闻。很多人都发现，通过这种方式可以激活默认模式网络。顺利完成两次后，得 1 分。

- ☐ 尝试上文提到的三种冥想。每一种练习一周，每天练习一小会儿。三周全部完成后，得 1 分。如果这对你来说有点难，可以下载和使用冥想类应用。但终极目标是，能在不使用应用或外物帮助的情况下完成冥想。

- ☐ 每周抽出一天早上，不接收任何信息。从睡醒到必须开始工作或学习的这段时间里，不使用任何媒体。这一条最好和戒断新闻那条一起做。成功完成两次后，得 1 分。

- □ 准备一个自己喜欢的日记本。如果你已经有笔记本或日记本了，也可以接着用。把本子放在你伸手就能拿到的地方，当脑子里冒出各种点子和想法时，随手记录下来。床头柜就是个不错的选择。你可以从补全初级任务里的那三个重要句子开始。不需要每天都写。完成 7 天后，得 1 分。

- □ 在卧室里放一个闹钟，把手机留在其他房间里过夜。如果你在上一条健脑秘诀中已经做到了，就在这里再得 1 分。

- □ 关掉智能手机上的所有通知，包括社交媒体上有人提到你、标记你的通知。只保留用于直接发送信息的应用通知。

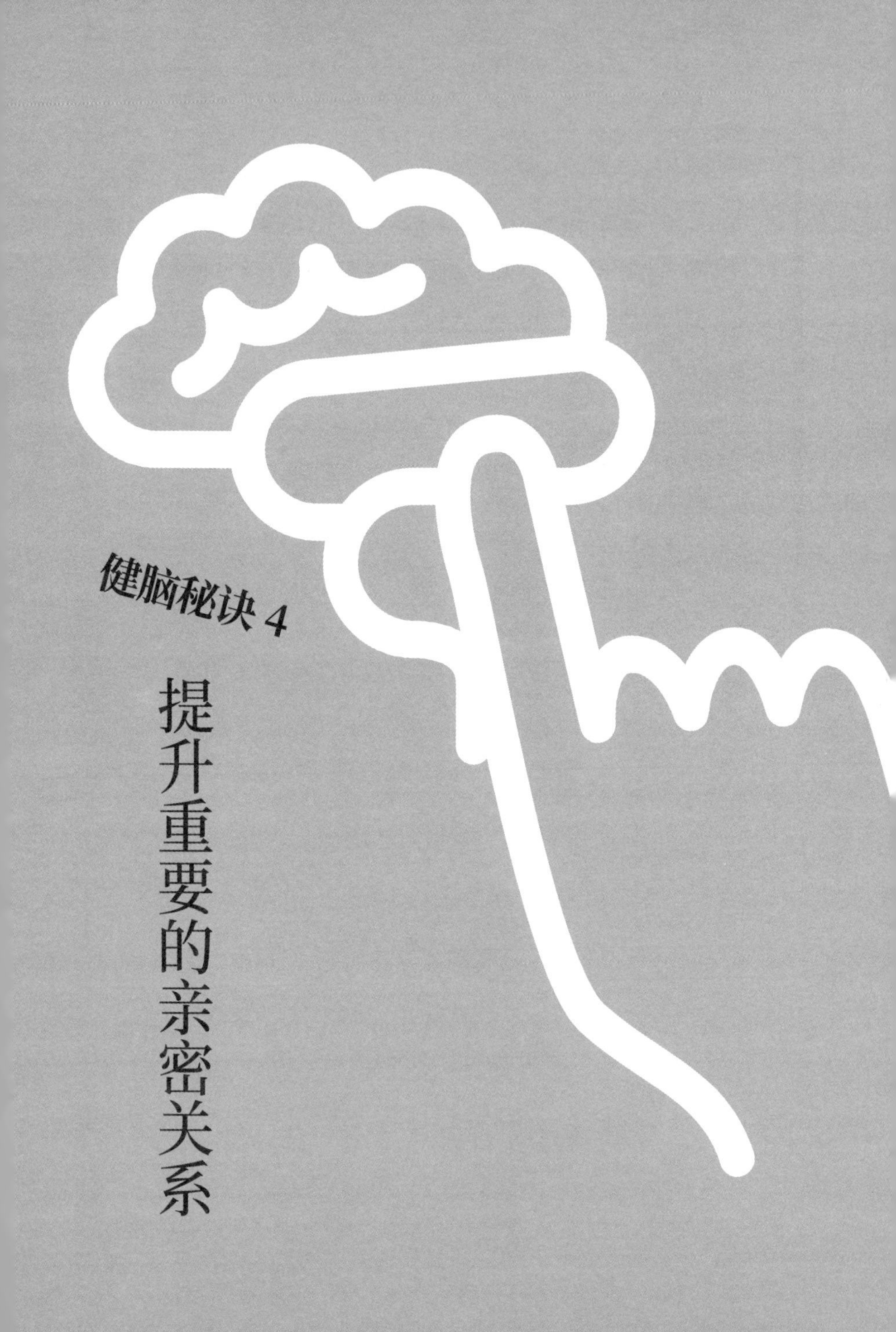

健脑秘诀 4

提升重要的亲密关系

多任务处理对家庭和友谊的影响

亲密关系对幸福感的重要意义不可小觑。没有人是一座孤岛，我们和他人的共同经历，也会成为我们不可分割的一部分。

有一个独一无二的科学研究已经进行了 80 多年了，研究目的是探讨快乐健康的人生是由什么构成的。1938 年，研究团队对几百名男性展开追踪调查，这些数据成了后来赫赫有名的“哈佛成人发展研究”（The Harvard Study of Adult Development）的一部分。许多年过去了，研究样本也不断扩大。迄今为止，该研究已有 1300 多人参与，男女都有，第一批被试的子女也在其中。研究者仔细记录了被试的健康状况和生活、工作、人际关系中的起起落落。

研究出人意料地发现，亲密关系对健康和幸福具有极为重要的作用。在 50 岁时人际关系满意度最高的被试，30 年后的健康状况是所有被试中最好的。亲密关系包括一个人同家人、朋友及参与的各种社群的联系，能有效抵御心理健康和生理健康的恶化，同时也是幸福人生最有效的预测指标，超过了金钱、事业成就、智力测验得分，甚至遗传因素。[43]

你可能会问：既然这条健脑秘诀如此重要，为什么会被排在第 4 条呢？这当然是有原因的。想要提升人际关系，我们必须做好准备，投入时间与精力来了解对方的想法、情绪。而想要与对方的想法、情绪和谐共处，我们首先要学会与自己的想法、情绪和谐共处，这正是第 3 条健脑秘诀的内容：停止消费，激活大脑的默认模式网络。要做到第 3 条健脑秘诀，我们就需要限制自己使用科技的地点与时间，这是第 2 条健脑秘诀。要做到第 2 条健脑秘诀，需要首先意识到我们不能同时专注两件事，多任务处理其实是一项不可能完成的任务，这就是第 1 条健脑秘诀。

简而言之，人际关系需要专注，无法专注就很难与人深交。因此，我故意按照现在这样的顺序来介绍健脑秘诀，就是希望能够切实地帮到你。如果你和我一样，认为人际关系很难应付，就更加需要按照这个顺序来学习。这一章的学习方法稍微有些不同，我会尽量介绍得详细一些，让你在这个棘手的领域也可以快速得到提升。

如果智能手机、社交媒体这些新技术的本意是希望人们更亲密，进行联络更快捷，那么我们的人际关系不是应该变得越来越好吗？当然，的确有些人因此受益，但我们不能对大样本调查的结果视而不见。例如在英国，近来有多达三分之一的人感到孤独。[44]

我曾在上一章介绍过一项包含了 72 个研究的系统性综述，其结果表明，过去 20 年以来，美国年轻人的共情能力下降了 40%，这种整体趋势尤其值得关注。最起码，我们必须承认，新技术并不能保证人与人之间的联结变得更加紧密。问题的关键依然在于如何利用科技。

哪怕并不身处同一个物理空间之内，信息技术也能帮助我们和他人、场景、知识联结起来。即便我们身在别处，只要有了日臻清晰的分辨率、日趋优化的应用、功能日益强大的智能手机，也能让我们如同身在此地。这为我们创造了绝妙的机遇。我们可以和素未谋面的人建立联系，探访不曾听闻的目的地，获得以往无法得到的知识。

但是，如果这种虚拟联结凌驾于现实之上，就会出现问题。在与虚拟空间建立联结的那一刻，这种联结的重要性超过了真实世界里的一切，就连身边的人也变得不重要了。因为我们无法同时专注好几件事。

之前我们介绍过一系列实验，表明只要智能手机出现在桌子上，哪怕根本不使用，也能够影响工作记忆。智能手机也会对人际互动产生类似的影响。2014 年，弗吉尼亚理工大学的一个研究团队针对这种现象进行了研究。他们随机选取了 100 对被试，让他们进行或单调或深入的对话，持续 10 分钟。研究者监视了对话过程，并特别记下了被试的智能手机是抓在手里，还是放在桌子上。

结果发现，如果对话过程中没有出现新技术的踪影，被试对对话的评分会更高。进一步研究发现，智能手机的出现会导致被试感受到的共情程度降低，并认为对方不够有趣、不值得信赖。[45]

英国埃塞克斯大学的一个研究团队开展过类似的实验，也是进行 10 分钟的面对面谈话。在这个研究中，被试不能随身携带智能手机。但是，在某些对话进行时，研究者在房间里留了一部智能手机，放在被试的直视范围之外；在另一些对话进行时，同样的位置上没有手机，只放了一个笔记本。

结果发现，即使被试并没有察觉到智能手机的存在，手机也对双方的共情和相互理解产生了负面作用。在出现笔记本的情况下，话题有意义的深度对谈组的信任感和亲密感更高；而在出现智能手机的情况下，未发现相同效应。[46]

这个例子再次说明，人类对新鲜感的偏好是与生俱来的，哪怕只是有可能接触新信息，大脑也会有所反应。我们对自己所在的空间已经形成了完整的认知，因此，如果能从其他地方获得新信息，我们自然就会认为那个地方更重要。但如果这时你正在跟人谈话，对面的人就会显得有些无趣了。

如果不能有意识地限制使用科技的地点和时间，这种优先顺序就不会轻易改变。也就是说，别处发生的一切总是比此时此地正在发生的一切更重要，那里的人也比身边的人更重要。

这就是大脑运作的方式，但我们不应为此气馁。相反，认清事实反而能让我们制订出更好的策略来使用科技！

我们将在生活的各个领域继续探索，找出驾驭电子屏的诀窍。我们已经取得了进展，学会了如何专注于重要的任务。既然如此，我们自然也可以学会如何专注于重要的人际关系。多任务处理并不是一种有效的工作方法，这一点已经开始被越来越多的人重视，也得到了研究结果的证明。同样，多任务处理在人际关系中也是无效的，想必研究结果也能证明这一点。好消息是，我们不必依靠单点清单或番茄工作法来专注生活里的人，而是可以用一种更通用的方法迅速改善人际关系，这种方法就是对话。

有对视才有联结

我们可以跨越时空的阻隔，与心爱之人取得联系，给他们发送图片、表情、语音、文字消息。只要恰当运用，这些工具就能帮助我们维系和重要他人的亲密关系。我的手机上收到了妻子发来的心形表情，于是我知道她在想我，这也勾起了我对她的想念。我给朋友发了一条短信，简要描述了今天发生的一切，对方回复我一个大拇指，让我明白他已经了解事情的最新进展了。我还可以同时向多个朋友群发这条信息。不管是友情、亲情还是爱情，这些相互发送的信息都有一个共同点，那就是可以提醒我们彼此是亲密无间的。但是，我们不能只依靠这些信息去建立亲密关系。

有一项研究以学生为被试，调查了亲密朋友之间的情感依恋。该研究比较了 4 种沟通方式产生的影响，分别是当面交谈、视频聊天、语音聊天和文字信息。交流结束后，研究者观察了朋友之间的互动，并让他们回答了一系列问题。当面交谈产生的共情依恋程度最强，这一点儿也不意外，然后依次是视频聊天、语音聊天，文字信息排在最后。即使被试使用了表情、颜文字，或其他方式来传达文字以外的意义，也无力回天。[47]

如今，越来越多的年轻人喜欢发送文字信息而不喜欢打电话，这种现象让上述研究结果更有意思了。如果让美国年轻人在手机的通话功能和短信功能之间选择去掉一项，75% 的人会选择去掉通话功能。之所以这样选，一来是因为编写信息更方便，二来是因为文字信息不像来电那样容易形成干扰。[48]

只有和他人共处一室、直视对方，才能建立最紧密的联结。眼神交流的作用非常强大，所以人们很难长时间对视。它是一种真正的宽带传输，一种直截了当的联结，可以表达一切。在人们熟悉、理解彼此的沟通过程中，文字只能起到一部分作用。眼神交流才能激活全脑，让我们对他人的意图和情绪进行解码。和患者沟通时，有的医生会与患者有更多的眼神交流，有的医生则大部分时间都盯着电脑屏幕。研究发现，前一种医生改善患者病情的可能性更高，他们的患者也更有可能听从医嘱。主持这项研究的教授是这样解释该结果的："眼神交流表明了注意力的焦点，也体现了人际关系的融洽程度。"[49]

当然，我们不必一直注视他人的双眼，真正要做的是为那些对我们来说最重要的人腾出时间和空间，与他们进行真正的交谈。随着我们熟练掌握的健脑秘诀越来越多，自然就能取得进步。

雪莉·特克尔（Sherry Turkle）是麻省理工学院的心理学家和教授。她致力于研究数字世界里对话的重要性，是该领域的专家。早在 20 世纪 80 年代，她就开始研究数字沟通方式，堪称这个领域的先驱。她的著作《重拾交谈》（*Reclaiming Conversation: The Power of Talk in a Digital Age*; Penguin Press, 2015）深入探讨了新技术是如何影响人类沟通方式的演变的。基于自己所做的研究和大量访谈，她认为人们正在“逃离对话”。我们发送的所有信息和图片、在社交媒体上参与的各种讨论，加在一起也比不上一场正儿八经的谈话。它们之间存在一系列差异，而正是这些差异将会带来严重的后果。

在特克尔对年轻人进行访谈时，经常会发现一条“三人定律”（rule of three）。它指的是在一群人聚会的时候，例如晚餐时，要保证至少有三个人没在玩手机。只要满足了这一点，其他人就可以玩手机了。大家依次轮换，保证谈话永远不会偃旗息鼓。

人们似乎已经认定，和身边人谈话并不是最重要的事。毕竟他们已经在身边了，不在场的人才更加需要我们。

人们不断加入谈话又退出谈话，一位受访的学生用“支离破碎”来形容这种现象。谈话过程中频频出现“什么，你刚刚说什么了”这样的问题，总是在重复刚刚说过的话。特克尔认为，这种支离破碎的交谈方式会导致对话变得更加肤浅。如果知道自己无论说什么都会被打断，也就没有必要在任何话题上深入展开了。

我认为对话有三个层次，而且这种划分对人际关系也适用。第一层是闲聊，人们彼此分享信息，讨论发生了什么事、谁做了什么。

当对话进一步深入，就到了第二层：私人对话。有人冒着一定风险，将自己的想法和情绪袒露出来，诉说自己对他人和事件的感受。这时，倾听者与说话者的互动尤其重要，他们合力探索，确定彼此是否能建立联结、相互理解。

对话的第三层涉及观点。除了从个人的角度对事件、对他人进行解读，人们还会聊到更宏观的话题。他们可能会谈到与人生大事密切相关的想法和情绪，包括价值观、意义、梦想、希望和失望、社会与世界，等等。

要达到这个层次，必须有足够的时间，还要有准备好专注倾听的听众，这样才能产生及时的反馈，让倾听者也贡献出自己的观点，推动对话持续发展。特克尔认为，通过这种对话，“我们学会了共情，感受到被倾听、被理解的喜悦。对话促使我们自省。和自己对话是个体早期发展的基础，也将贯穿人生的各个阶段”[50]。

忽视身边的人是现代人的常态。哪怕我们实际上并没有这样的打算，人际关系也会明显受到影响。比如说，一条没有及时查看的通知就能让我们立即转移视线，忽视了重要的人。原始脑区的反应非常快，这一切自然而然地就发生了。各种琐事吸引了我们的注意力，导致对话一次次被打断，但这并不代表一次次被我们打断的人不会受到严重影响。

我们已经学会了如何避免工作中的干扰，接下来，我们也要在人际关系上变得专注，最起码要和对待工作一样专注，这对我们的幸福和健康更为重要。和之前一样，我们首先要认识到，在做重要的事情时，例如和对我们来说很重要的人相处时，不能让数字邮递员在我们面前挥舞各种电子邮件。

这并不是说每一次谈话都要极其深入和投入，也没有人能做到这种程度。处理人际关系时，学会应对疲劳其实也是非常重要的。虽然这并不容易，但还是可以做到的。

经过一番摸索，我终于对这方面有了更清晰的理解，这可能是我人生中最重要的发现。虽然我掌握了很多有用的策略，但是当我忙完一天，回到家里时，也经常感到十分疲惫，没有精力再跟妻子深入交流了。有时我还要出差，长途跋涉，劳累不堪。回到家后，我往往只是和妻子打个招呼，拥抱一下，寒暄几句，就什么也没有了。

这就结束了吗？虽然我经常没办法让自己长时间表现得精力充沛、全神贯注，没法扮演理想的丈夫，但不管多累，我都可以凭借一个微小的举动来改善整个局面。具体是什么，我们稍后再说。

在疲惫的时候，大脑最渴望得到即时奖赏，这正是我们面临的挑战。在精力耗竭的状态下，大脑的反应是切换到求生模式。甜食、垃圾食品、新信息，都会变得极具吸引力。白天，我可能拥有足够强大的自制力；然而到了晚上，一旦感到疲惫，我的前额叶皮层就无法完全激活了。我走进客厅，整个人瘫倒在沙发上，掏出手机，开始神游。

现在，按下暂停键，让这个画面静止，然后把它放大，看看房间里到底发生了什么。以俯视的角度，我看到自己坐在沙发上，把注意力投放到了这个房间之外的某处或某人那里。妻子孤零零地站在几步之外，或许正因为受到冷落而流露出失望的神色。在路上时，我给她发过短信，告诉她我很想她，希望马上回家。而现在我人在家里了，却刚到家 5 分钟就又“出门”了。

当这个场景第一次出现在我眼前时，我就暗自许诺：无论多累，只要我人在家里，就没有什么地方比家更重要，也没有哪个陌生人比妻子更重要，千万不要把所剩无几的注意力留给陌生人，而不是妻子。虽然自己很累，能做的不多，但不管怎样都要把能做的留给妻子。我们待在同一个房间里，她站着处理文件，我坐着，彼此闲聊了几句。我有心无力，聊不出什么有趣或重要的话题，甚至连话都说不上几句。于是出现了一阵沉默，她继续做事去了。过了一会儿，她转过头看我，我们视线相交，几乎同时微微一笑。我感到一股能量涌入体内，生活又重整旗鼓了。我又“回到了家里”，今晚只属于我们俩。

不要用文字信息道歉

与人交谈不仅是在建立人际关系，也是在培养自己的人格。新技术创造了新的沟通方式，这也会在多个方面对人际关系的发展造成影响。

雪莉·特克尔定义了两种不同的人际关系。第一种是联结型互动（connected interactions），例如发送信息，信息内容可以是文本、图片，也可以是简单的表情甚至一次点赞。双方会通过这种互动立刻建立联结。在发送文字信息之前，我们可以仔细斟酌如何遣词造句，随便怎么修改都可以。但在这种情况下，我们看不到信息被接收时的情况。

另一种是实时型互动（real-time interactions），如见面、语音通话、视频聊天。在这种情况下，我们可以在发出信息后立刻观察到信息引起的反应，还能通过关注对方的语调和表情发现更多细节。但这种方式也存在风险，事情不一定会朝着我们希望的方向发展，局势不再是完全受控的。我们无法对想说的话字斟句酌，也无法隐藏自己的反应。这可能会带来情绪困扰，也会让我们面临暴露自己不够完美的风险。

在实时型互动中，我们知道有人正在全神贯注地倾听。这还意味着对方愿意接收我们未经斟酌的想法和情绪，代表着一种极大的投入。

特克尔认为这两种人际关系存在竞争关系。如果我们用文本信息的方式发起了一场重要或敏感的对话，就错失了采用实时型互动的机会。然而，只有直接对话才能让人际关系得到深入发展。

通过文本信息来建立人际关系会遇到一些问题，尤其是在约会时。在特克尔的访谈中反复出现一种观点，即字斟句酌的信息能让你展现出“最完美的自己”，让信息接收者在脑海中想象出一个完美的形象。然而当双方见面时，则必须应付彼此性格中不那么完美的方面，这种现实与想象的强烈反差很可能会令人不适。

友谊也会遇到这种问题。共情的定义是能够理解他人的情绪和感受。如果信息的主要来源是字斟句酌的文字，那么我们就是在跟一个想象出来的人交朋友，按照自己的想法形成理解。

前任英国国教大主教罗恩·威廉姆斯（Rowan Williams）认为，当你发现自己不能体会他人的感受时，才是共情的开始。正因为不了解，你才会询问。[51] 也就是说，共情意味着愿意相处、愿意投入，或是准备好了接纳他人本来的模样。

哪怕是面对朋友，我们参与实时型互动的意愿也越来越少了，难怪大家的共情能力似乎也在变得越来越弱。我在上文中介绍过一项研究，发现过去 20 年间美国年轻人的共情能力降低了 40%，而且这种变化主要发生在最近 10 年。研究团队认为，造成这一现象的原因是网络活动的增加造成了间接沟通的增多。我们对这些间接信息进行重新解读，然后利用它们创造了自己想象中的人。

可能你也经历过这种事：花了一整天和人争论，来来回回发了许多言辞激动的邮件，终于，你决定给对方打个电话。你们直截了当、不加修饰地聊了几句，很快发现之前的争论只是误会。添油加醋的信息、单方面的解读，逐渐让你想象中的误解变得比实际上严重了许多。

美国作家威廉·德雷谢维奇（William Deresiewicz）认为，社会凝聚力的逐渐松散导致人们从“集体的一分子”变成了“拥有集体感的个体”。是不是可以说，我们的友谊也变成了“友谊感”，共情也变成了“共情感”呢？[52]“感”只是我们对共情的想象，除了自己的想法和情绪，别无他物；它是我们自己创造出来的，与他人毫不相干。

或许，我们现在越来越满足于这种“友谊感”了。至少，它让一切暂时变得简单了。联结型互动很容易进行，无须承担什么风险；而实时型互动就很难掌控。谈话的内容有时会变得杂乱，想要表达的意思很容易被人误解，对话的走向也常常出人意料、令人措手不及，有些脱口而出的话可能让人追悔莫及，甚至还要因此道歉。

在特克尔访谈过的许多人中，有些已经完全改变了在家中处理冲突的方式，不再面对面地解决冲突，而是依靠邮件和短信。家庭成员们对“通过文字据理力争”的方式很满意，认为这样能让彼此保持冷静，慎重考虑想要表达的内容。毕竟，心理学家一直告诫我们要保持冷静，让一切慢下来。

但是特克尔认为，通过这种方式传达给孩子和配偶的其实是另一件事：想要谈话，就不能跟你见面，我不想直接听你表达自己的想法和情绪，因为我没法保持冷静。

想要做到共情，首先要心平气和地接纳他人原本的样子。只有这样，我们才能对他人的真实状态形成理解和认同，才能向至亲至爱的人表明：不管条件多么艰苦，我们永远在一起。

所有对话都存在说错话、会错意的风险。人们有时会沉不住气，说出一些让自己后悔的话来。如果发生了这种事，请抓住时机说出那句最有影响力的话：“对不起。”以实时型互动的方式道歉能产生神奇的效果。道歉就等于承认对方受到了伤害，愿意安抚对方的情绪，同时也承认自己有错。而当你收到某人的道歉时，你也会感到开心，因为你能看出对方已经理解了你的感受，而且希望你知道这一点。更重要的是，你知道对方已经准备好了迎接你的真实反应。

但是，如果对方是用文字信息发了一句“对不起”，背后的摩擦很有可能依然存在，充其量双方只是暂时停战。用文字道歉真正表达的意义是：我不想继续吵了，也不想陷入因为你而导致的情绪旋涡中。换句话说，这不是真正意义上的道歉。

在谈话的同时还要应付谈话导致的各种反应并不容易。但这只能说明我们需要多多练习。这种技能就像肌肉一样，不运动就会萎缩。

特克尔的研究还发现，其实人们很清楚这一点。有个学生直截了当地告诉特克尔，自己需要“学习如何聊天”，他“希望自己不久之后就开始学习，但肯定不是现在”。在采访过程中，人们不断提到同一种观点：因为担心说错话，所以采用文字信息的方式沟通会更轻松，压力更小。

需要指出的是，并不只有年轻人是这么想的。特克尔表示，企业管理者都非常希望员工能通过直接对话的方式快速解决冲突，其中也包括年龄较大的员工。有些管理者认为，当面道歉是职场的必备技能。如果连这都做不到，“就好比司机不会倒车”。

但这并不代表管理者自己就不会受到这一问题的困扰。我认识的一个人因为公司裁员而离职了，他和总裁的关系很好，但总裁正是通知他被裁掉的人，只不过离职通知是通过即时通信软件发出的。我猜管理层可能会冠冕堂皇地认为这是一种“高效”的工作方式，毕竟，离职通知的结尾处还加上了“抱抱”的表情以示鼓励。

对话的时间与地点

家和家庭生活是我们最早开始练习对话、学会掌控对话中的真实想法和情绪的阵地。孩子从出生起就开始学习了，但我们之前已经说过，成年人也需要不断巩固对话技能。家应该是一个非常安全的地方，能让我们在这里放下防备，找到愿意接纳我们的真实想法和情绪的人。但这并不代表家庭生活会永远轻松融洽。事实恰恰相反！我们需要一个地方，可以解决真正的冲突，可以犯错误、发脾气，也可以道歉。一个安安静静的家提供不了这种练习机会，即使总是吵吵闹闹，也比不打照面要好。

如果对话的时间和地点越来越有限，就会出现问题，我们和我们的孩子都会缺少练习机会，就像长时间静坐而不去运动一样。还好，通过前几条健脑秘诀，我们已经学习了有关多任务处理以及时间和地点限制的知识，这些工具会帮助我们重新找回对话所需的时间与地点。

餐桌通常是人们坐在一起练习对话的好地方。当然，我们也有其他选项，但像餐桌一样容易参与、时间规律的选择并不多。所有人都围坐在餐桌旁吃饭，年复一年，这种机会是现成的，得来全不费工夫，每个人都应该好好把握。

事情当然不会总是一帆风顺。但是，当青春期的孩子大吼大叫、暴跳如雷、摔门而去时，我们也不必害怕。家可能是唯一能让孩子感到安全、愿意发泄情绪的地方了，他们不可能在学校里或运动场上这么做。在家里，即使他们卸下防卫、身心疲惫，家人也时刻关注着他们，准备好接纳他们。明天的同样时间，家人依然会出现在同样的地点，日复一日，向来如此，这种确定性非常重要。

同时，请不要以为成年人就一定可以做得很好。成年人也需要练习，也经常犯错和失败。但随时出现在孩子身边、关注孩子是成年人的职责，我们必须这样做，也只能这样做。我们要让对话持续下去，不只在一朝一夕，更要经年累月不断。

我们不可能解决所有问题，但可以学会如何应对那些长期存在的问题。对话是所有这一切的基石。通过练习，我们便能做好准备去迎接生命中的起起落落，也得以体验真实的人生。

如今，能有一个安全的地方，让我们放下防备、表达各种未经修饰的想法和情绪，比以往更加重要了。在网络文化盛行的今天，我们的言行就是别人评判我们的依据。遣词造句要“正确”，一言一行都要“正确”。万一在社交媒体上发表了不恰当的言论，会带来影响深远的严重后果，让我们的下半辈子都活在不安中，永远得不到宽恕。

说到家庭，雪莉·特克尔提醒我们，父母与孩子的关系并不对等。出于某些原因，在谈到新技术时，这种不对等常常会被遗忘。孩子渴望父母的关注，但不必向父母回报相同程度的关注，这是天经地义的。孩子会为了网络中的朋友而对父母不管不顾，但如果父母也做了相同的事，后果就严重多了。违背契约、打破规则是所有青少年迈向独立的必经之路。这样的行为并不代表他们不需要我们了，其实他们反而会更加需要我们!

15 岁的马尼在访谈中向特克尔讲述了自己反抗家人的叛逆故事。她家有个规定：不允许电子设备出现在餐桌上。于是她把手机藏在大腿下面，时不时地瞄上几眼。虽然如此，但在被问到的时候，她还是承认自己确实喜欢这个规定。马尼并不是想要改变规定，只是喜欢偶尔越过雷池一小步。[53]

有一种简单的方法，能让利用科技进行的消费变成实时型互动，那就是大家坐在一起消费。共同踏上想象中的旅程，前往一个遥远的目的地，会是一种奇妙的体验。

电影、游戏和短视频都可以提供共享体验，激发对话，让人际关系发展到新的层次。也就是说，同样的一台电脑或电视机，不仅可以成为把人们孤立起来的机器，也能成为社交工具。如果坐在沙发上共同度过周五的夜晚，一家人就会变得更亲密。

如果我们常常因为专注别的事情而忽视了家里的小孩，会对他们造成什么影响呢？我们来聊聊这个有意思的话题。在网上搜索“静止脸实验”（still face experiment）的视频，也许能找到一部分答案。这个视频看起来不太舒服，但值得一看。

该实验设计于 20 世纪 70 年代，但在今天看来，依然可以帮助我们理解婴儿的沟通方式。实验是这样进行的：一开始，父母陪着孩子玩耍；然后，父母开始面无表情地看着孩子，整整两分钟不做出任何回应。孩子自然会通过自己有限的沟通技巧来吸引父母的注意，通常先是微笑，但是没什么用，于是他们开始四处张望，伸出手指指向各种东西。然后，他们变得烦躁，开始哭起来，而且越哭越大声，边哭边希望唤回父母。再往后，他们往往已经控制不住自己的身体了，中枢神经系统也濒临崩溃。在实验的最后，他们退缩、自闭，放弃了让父母重新关注自己的念头。

实验到此结束，父母重新开始和孩子互动。孩子如释重负，迅速调整情绪，开始继续玩耍。

其实，类似的情形也在日常生活中不断上演，例如父母煮饭的时候、照顾其他孩子的时候。但在这些情况下，孩子很清楚父母在忙别的事。如果父母沉迷在智能手机里，这时他们的样子就会更接近于静止脸实验中那种冷酷无情的反应，不用想也知道，经常这样对孩子，肯定会出问题。

有一个研究观察了快餐店里的亲子互动。在 55 名被试中，大多数父母都把更多的时间用来玩手机了，而不是花在孩子身上。他们的孩子表现得孤僻又被动，有些孩子企图通过发脾气来引起父母的注意，但通常都会失败。在手机上花的时间越多的父母，在孩子不规矩的时候也表现得越严厉。55 名成年人中，只有 16 人从头到尾都没有把手机拿出来。[54]

2017 年，一项元研究回顾了众多以智能手机对亲子互动的影响为主题的研究。研究者共找到 27 项相关研究，这些研究共同表明：在孩子试图通过言语和非言语的方式与父母沟通时，频繁使用手机的父母对孩子做出的回应更少，而且他们的孩子也会做出更危险的行为来博取父母的关注。研究还发现，过度使用智能手机会导致家庭冲突增加。[55]

必须说明的是，个别研究很难帮助我们找出正确的因果关系。我们生活在一个极其复杂的世界里，幸福感会受到来自不同方面的不同因素的影响。尽管如此，我们还是学到了很多让自己保持最佳状态的大脑知识。这些知识和方法能让我们突飞猛进，找到应对生活的正确方法。

最简单的方法就是停止在孩子面前使用智能手机。当然，偶尔用一下没什么坏处，但是“偶尔用一下”往往很快就会变成“经常使用”，这种变通很难把控。相反，你可以扪心自问：把孩子扔在一边儿不管，那我爱的到底是谁？到底喜欢哪个地方？我做的事真的都是十万火急或者必不可少吗？

我们很难处理这种问题，但这并不是一种缺陷，懂得这一点也许会让我们轻松一些。我们是正常的，我们的原始脑区也是正常的。用自制力对抗诱惑非常困难、非常辛苦。好在我们学过如何限制地点，可以运用这种方法把手机留在家里。如果这对你来说要求太高了，也可以使用抛弃式手机。这样一来，即使出现紧急情况，你也能及时得知消息。心无旁骛地在公园里度过一小时，比心不在焉地度过两小时更好。质量重于数量。这条原则也可以用来在工作中训练专注力。

我们也要学会放过自己，不要对自己以前的种种行为过于自责。我们都希望能把最好的东西给孩子。以前，我们没有掌握那么多知识，已经尽力做到最好的自己了；现在，我们懂得更多了，也就有了更多选择。不必害怕内心的自责和不安，它们反而能激励我们改变自己。试图掩饰自己的感受才是毫无益处的。

静止脸实验证明，婴儿也是社会性动物。这表示社交行为在个人身份认同形成之前就已经出现了。我们认识自己的唯一方法就是和他人互动。婴儿只能通过父母的反应和情绪来了解自己。理解“你”和理解“我”并没有什么区别，通过经年累月地互动，孩子最终会理解自己的经历。

人这一辈子会不断通过他人的反应来理解和调整自己的情绪。心理咨询师在进行婚姻辅导咨询时，经常会看到类似静止脸实验的情节。如果唯一能够得到的反应就是面无表情，哪怕是成年人也会受不了的，于是就会为了激起对方的反应而变本加厉。

为了全面理解自己的人生，我们需要以人为镜。对话时，我们就是在以人为镜。如果无法从对话中得到直接反馈，我们就容易对自己的人生产生不切实际的幻想，陷入情绪的恶性循环之中。我要再说一遍，没有人是一座孤岛。

朋友越多，问题越少

社交媒体有助于联结型互动的建立，这在大多数时候是有好处的。很多人甚至通过社交媒体遇见了自己的真命天子，或是找到了理想的工作。如果没有社交媒体，我们根本不会知道某些人和某些圈子的存在，永远不可能与他们相遇、建立人际关系，这正是社交媒体的核心作用。

建立联结型互动很容易，而我们可以将这种联结发展为实时型互动。你可以通过群发告诉朋友们你今天会进城，想跟大家见面喝个咖啡，这样就能节省大量的时间。另外，我们在发送消息前有足够的时间来遣词造句，因此就更加敢于采取主动了。这一点也解释了为什么情书能在社会发展的过程中拥有一席之地。

字斟句酌的文字消息也有利于发起难以启齿的话题，开不了口的话通过书面文字来表达就容易多了。但面对重要的人，如果你希望彼此的关系能够更加深入，就应该尽快切换到实时型互动。我说过，如果不这么做，各方就会根据自己的想象来构建这段人际关系。

在亲密关系中，最好是把重要的话留到见面时再说。这么做主要是为了避免各种短消息和社交媒体一步一步蚕食我们的沟通。当面沟通时，我们要直接面对对方的情绪，同时也要毫无保留地展示自己的情绪，如果不必面对面，我们可能会如释重负。但这会像温水煮青蛙一样，让我们逐渐丧失袒露心扉的能力，因此绝非长久之计。如果经常进行实时型互动，我们会更容易拥有健康的人际关系。它能及时化解琐碎的摩擦，避免其逐步升级、失控。社交媒体并不能让难以应付的情绪问题变简单。我们在“不要用文字信息道歉”这一节讲过，社交媒体实际上会引诱人们在面对困难时掩耳盗铃。

有一条很有效的原则：只利用文字消息来完成必要的沟通。否则，我们很容易花费过多的时间来解读、想象间接信息的意义。我们可以通过文字消息来处理比较简单的事，例如约定时间、发送联系方式、记录购物清单、快速询问一些小事。正如前文所说，联结型互动还可以帮助我们保持通过实时型互动建立起来的亲密关系。

理解了联结型互动与实时型互动的区别后，社交媒体就会变成一种真正有用的工具，你可以用它来传播自己的观点，学习他人的经验，在各种场合建立有用的新联结。一旦出现了深化人际关系的机会，我们可以先用短消息打头阵，然后再逐渐建立起实时型沟通。

对于并不打算深交的人，社交媒体也是一种完美的联系工具。但你若是寄希望于通过社交媒体获得快乐甚至幸福，很可能会大失所望。

西萨拉·纳特利（Sissela Nutley）写过一本书，名叫《分心》（*Hjärnan, skärmen och krafterna bakom*; Natur & Kultur, 2019），应用性地总结了科学家在这些问题上已达成的共识。纳特利拥有认知神经科学博士学位，是瑞典卡罗林斯卡学院（Karolinska Institutet）的研究者。她描述了一个在用科学方法研究新技术如何影响我们时普遍存在的问题。

最理想的科学研究方法是随机对照干预实验。被试被随机分配到实验组或控制组，其中实验组要完成与研究课题有关的任务，与控制组形成对比，由此推断出实验任务对被试产生的影响。但是，在研究社交媒体的使用情况时，其传播速度之快给研究带来了困难。很难找到从未接触过社交媒体的人，至少在研究者想要研究并能够与其他人群进行有效对比的年龄段，做到这一点的确很难。

纳特利认为，目前为止，只有一项研究成功了，当时的招募渠道还是开放的。研究者找了一些从未用过智能手机的人作为被试，并随机选出一半被试，让他们使用智能手机三个月；其他被试作为控制组。使用智能手机后，被试表现出注意力减退和社交焦虑加重，且非常在意别人对自己的看法。

研究团队认为，社交媒体的使用就是被试焦虑的根源。在他们看来，手机实际上就是一种社交监视器，它会根据行为规范不断提醒你应该做什么，不停为你的一举一动提供反馈。这些反馈可能意味着社会接纳，也可能是社会排斥，导致人们越来越关注别人对自己的评价，变得越来越自我中心。[56]

另一项研究发现，社交媒体上 80% 的交流内容都是关于自己的；而在现实世界里，个人信息的分享在沟通中只占约 30%。这些结果也证明了上述推论。[57]

还有一种研究方法是让部分被试停止任务，而控制组继续完成任务。这也是一种有效的研究方法。

一些研究者利用这种方法，以社交媒体为对象，开展了一项大规模研究，并在 2020 年发表了研究结果。研究者招募了 1600 多名 Facebook 用户，随机选出一组被试，要求他们暂时停止使用 Facebook，时间是 4 周。为了让被试做到这一点，研究者向被试提供了报酬。4 周后，结果非常明显：被试的幸福感上升了。同心理治疗的预期结果进行对比发现，暂停使用 Facebook 的效果达到了心理治疗的 25% ~ 40%。停用社交网络后，人们把更多时间花在了独自看电视和陪伴亲友上。

研究结束几周之后，实验组被试使用 Facebook 的时间依然比控制组少 22%。许多人声称自己已经把手机里的 Facebook 卸载了，还有 5% 的人根本就没有重新激活自己的账号。追踪调查证实，他们的幸福感的确提升了。当初退出账号时，他们万万没有想到，远离 Facebook 会让自己更加珍惜生活的点滴。[58]

丹麦研究者开展了一项控制实验，也证明了上述结果。这项研究共有 1000 多人参与，其中一部分被试被要求停用 Facebook 一周。一周后，他们的幸福感在两个方面得到了提升：一是对生活的总体满意度更高了，二是积极情绪更多了。其中，Facebook 的重度用户和很少与人互动的用户得到的改善尤为显著。[59]

要知道，科学研究中的数据是平均值，但我们都不是平均值的完美代表。我们是个体，面对不同的情境会产生不同的反应。在人生的不同阶段，我们也有着不同的需求。科学研究自然也会遇到异常值，有些人在使用社交媒体后反而变得更加幸福了。而对许多人来说，破解迷局、健康地使用应用是可行的，关键就在于使用方式。也许完全放弃这些强大的工具并不是最好的选择，我们应该找出有效的方式来利用它们。举例来说，如果我们明白社交媒体无法解决人际问题，就不要再去尝试这么做了，而是要寻找更有效的方法。

但是，对用户来说，某些情境和使用模式很难说断就断。如今，青少年和成年人都可能遇到网络骚扰和网络霸凌的问题。过去，学校或工作场合是这些问题的发生地，但家庭至少可以为人们提供些许安慰。而现在，社交媒体导致人们随时随地都可能沦为受害者。这些问题就像感情问题一样，非常复杂，也很难找到简单直接的解决办法。

有位母亲因为儿子是色拉布的用户而感到非常焦虑。她说，如果儿子没有随时保持在线，就可能会遭到霸凌。她的看法恐怕是对的。我们要认识到，网络霸凌比其他霸凌更恶劣，也比同辈压力更严重。遭到网络霸凌的人简直就像是被绑架了。如果有人强行抓住我们，还威胁着要施以惩罚，我们周围的人可能会激烈反抗。但遭到网络霸凌时，被绑架的是人的思想，这几乎是同样糟糕的。受害人长期脱离现实，与世隔绝，就像是活在思想的监牢里，这完全是非人的待遇。

本书的目标并不是解决网络骚扰问题。如果你深受其害，应向专业人士寻求帮助。如果问题性质严重，单靠自己是没法解决的。

还有一些人借友爱之名，行精神绑架之实，让受害人认为对朋友必须随叫随到。如果双方的关系越来越依赖短消息，及时回复自然就成了证明友谊的重要途径。但是，这样的关系很难长久。

我们要为真正的对话创造条件。不管朋友遇到了顺境还是逆境，如果我们花点时间认真倾听对方的心声，就会带来极大的不同。单靠简单的短消息来相互鼓励是无法满足人们的需要的。

前文提到过克利福德·纳斯教授在多任务处理方面的研究。除此之外，他对网络文化如何影响青少年的感情生活也饶有兴趣。这种兴趣来源于他担任大一新生导师的经历。他向学生说起自己青少年时期经历过的感情波折，学生却告诉他今时不同往日，有了科技和社交媒体的帮助，人们很容易掌控自己的情绪。

于是，纳斯教授开展了一项研究，得到的结果却和这位学生的说法大相径庭。年轻人上网的时间越多，就越不善于辨别自己和他人的情绪，感受到的朋友对自己的接纳程度也低于上网时间更少的同龄人。

纳斯教授还特别提到了社交媒体上无处不在的“点赞”文化。当人们在网上分享经历时，只能展示积极情绪。除了担心别人会如何看待自己的压力外，这也是因为大脑加工消极经历的难度更大、耗时更长。纳斯认为，如果快节奏的现代社会中只有好消息，只有鼓励，人们就可能得到一种错误的人生观念。消极情绪变成了失败者的专属体验。要想应对生活的消极面，需要耗费时间，也需要有心人来倾听。只有这样，我们才能学会接纳自己。[60]

如果一段关系中完全不存在实时型沟通，那么这种友谊实质上只是交易。我表达了对你的喜欢，于是你也表示喜欢我，一切易如反掌。如果互动的目的仅仅是让大家看起来都风风光光的，那我们就会逐渐沦为彼此的装饰品。这种朋友关系就像现成品，随需随取；发展到最后，沟通过程中的所有细枝末节都尽在掌握，朋友关系的深浅程度也可以随心所欲地把控。我们掌握了一切，保持着最佳距离，不会因为过于亲近而形成情感的负担，也不会因为过于疏远而错失了人情恩惠。

还好，我们能够迅速扭转这种局面。雪莉·特克尔和其他人都强调，做到这一点的方法就是沟通。朋友之间最好的点赞方式就是坐下来倾听，哪怕没有第三人目睹这一幕。

大脑积分自评

初级

☐ 将独自使用多媒体改为和他人一起使用。例如和配偶、朋友一起看电影，而不是各自埋头刷手机；或者在家里一起玩游戏，而不是各玩各的。找出可以重复实施改变的场景。成功完成两次后，得 1 分。

☐ 建议身边的人不要在一起吃饭时使用科技产品。首先从自己做起，尝试进行这种积极的改变。成功带动全家人参与进来后，得 1 分。如果你单身，习惯在吃饭时看视频，可以先改为播放音频，例如广播或播客。把这件事视为一种全新的探索。

☐ 和朋友、家人或配偶进行头脑风暴，想出可以让你们经常一起完成、但不需要用到科技产品的活动。可以是简单的一起散步，或是共同开发新的桌游。成功完成两次后，得 1 分。

☐ 如果你使用的社交媒体平台不止一个，思考一下哪个平台给你带来的快乐最少，却消耗了许多精力。注销这个平台的账号，最起码卸载应用一个月。这会让你专注于最喜欢的平台，提升使用质量。

- □ 不要通过短消息来解决敏感问题。找出之前搁置的敏感问题，通过直接对话来解决它，完成后，得 1 分。

高级

- □ 如果你有孩子，请停止在他们面前使用智能手机。有效地限制自己的使用地点和时间，在规定的时间段里不碰任何工作。坚持一周后，得 1 分。如果你有伴侣，也可以问问对方是否愿意设定一个时间段，把彼此放在首位，让智能手机离得远远的。
- □ 浏览通讯录或社交媒体的联系人列表，选出已经很久没有联系或是你希望加深了解的三个人。主动采取行动，和他们分别进行实时型沟通。可以打电话，也可以邀请他们喝咖啡。
- □ 跟朋友外出或与同事开会时，不要使用手机。不需要刻意向他们指出你没用手机这件事，但可以留意观察这对你们的互动产生了什么影响。坚持一周后，得 1 分。
- □ 跟朋友相处或参加重要会议时，不仅要把手机放在一边，设置成免打扰模式或飞行模式，你还可以更上一层楼——直接关机。留意观察在暂时不能使用手机的情况下，你和他人的互动质量会发生怎样的改变，自己的想法又有什么改变。完成两次后，得 1 分。

- □ 想想你希望认识哪些新朋友，可以是在工作上对你有帮助的人，也可以是兴趣爱好相同的人。你可以通过同好者的网站安排线上或线下会面。用这种方式实现实时型沟通。完成后，得 1 分。

- □ 在一个月的时间里，完全不使用社交媒体。利用实时信息进行当面沟通、电话沟通或视频沟通。

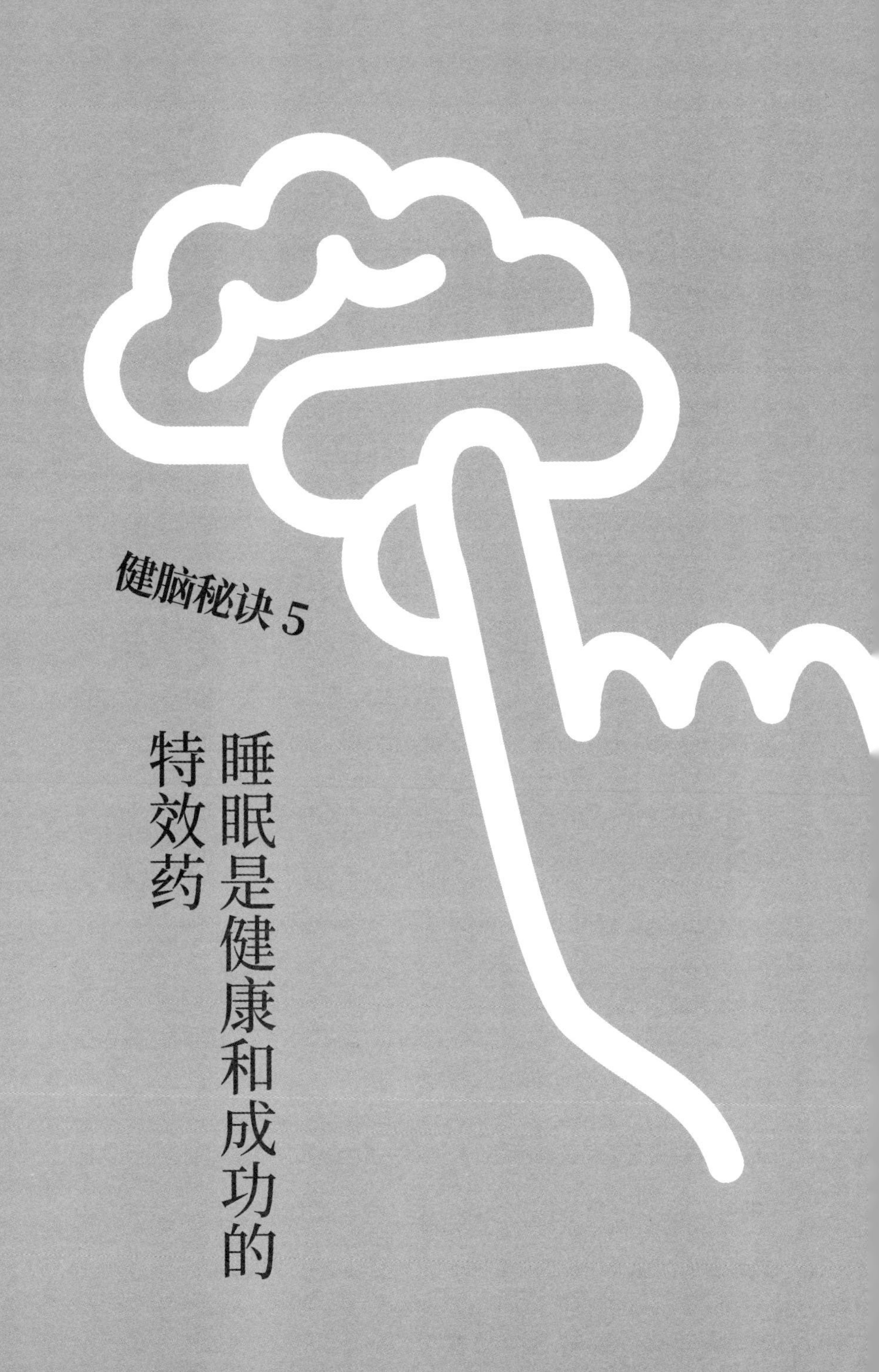

健脑秘诀 5

睡眠是健康和成功的特效药

睡觉成为新时尚

你践行的健脑秘诀越多，就会发现做起来越容易，因为不同方法相互支撑、共同作用，改善了你的精力、提升了你的幸福感，这是真正意义上的“整体大于部分之和”。你可能有过这种体验：在生活中遇到重大压力时，常常会睡不好觉，于是又导致吃不下饭、疲惫，由此又会带来更多压力。健脑秘诀能扭转这种恶性循环，形成积极的多米诺骨牌效应。

目前为止介绍的健脑秘诀都是各种巧妙策略，你可以根据具体情境、具体需求来应用它们，这就相当于对人的软件进行升级。也就是说，人脑已经安装好了最厉害的“应用程序”，运行这些程序就能帮助我们提升状态、实现长期目标。但是，就像真正的电脑一样，应用程序需要有性能良好的硬件才能运行。如果同时提升软件和硬件的性能，就能得到最佳效果。按照惯例，我们会从改善效果最显著的领域入手。想要提升硬件性能，首先要改善睡眠。这听上去可能有些奇怪，但许多证据表明，睡眠比体育锻炼和饮食习惯更加重要。

当前，睡觉成了时尚。《纽约时报》和《华尔街日报》将睡眠评选为当代人新的身份象征。成功的商业人士过去常常大吹大擂，说自己一天只睡几个小时，深夜还在社交应酬，这样的光景早已不再。相反，越来越多的知名企业家开始强调睡眠的重要性。亚马逊创始人杰夫·贝索斯（Jeff Bezos）和新闻网站赫芬顿邮报（Huffington Post）创始人阿里安娜·赫芬顿（Ariana Huffington）均表示，一以贯之地保证每晚 8 小时睡眠对自己的成功具有重要作用。科学研究也支持了他们的观点。

假设有这样一种自然疗法。它能延年益寿，让人远离癌症和痴呆症，抵御心脏病、脑卒中、2 型糖尿病，还可以预防感冒和流感。另外，它还能让人变美，身材变苗条，不再老是想吃甜食。在心理方面，它能增强记忆力，提升创造性，如果不幸患上了抑郁症或焦虑症，它还有助于改善心境。这些效果都确凿无误，已经有超过 1.7 万项严格控制的科学实验和研究报告对此进行了验证。

相信一定有许多人愿意出高价购买这种灵丹妙药。但它其实是免费的，人人都可以拥有。每人每晚都会服用一定的剂量。[61]

以上是马修·沃克（Matthew Walker）在其畅销书《我们为什么要睡觉？》（*Why We Sleep*; Penguin Random House, 2017）中对睡眠的描述，也是我们在接下来的两节里要探讨的内容。沃克是美国加利福尼亚大学伯克利分校的神经科学和心理学教授，也曾是哈佛大学医学院的教授。他创建了人类睡眠科学中心（Center for Human Sleep Science），开展过百余项科学研究。

睡眠向来是人类进化中的未解之谜。它占据了我们三分之一的人生，但入睡后我们却毫无知觉。那么睡眠到底有什么好处呢？睡着之后，我们既不能采集食物，也不能从事生产，而且毫无防御能力，倘若此时出现天敌，我们只能任其宰割。不过，既然睡眠在进化中始终被保留下来，那么它必然具有某种强大的适应功能。近20年来，研究者终于开始逐渐找到问题的答案了。

入睡后，我们会出现两种截然不同的状态：有梦睡眠和无梦睡眠。在睡着后，我们会首先经历4个无梦睡眠阶段。先是浅睡，然后逐渐进入深度睡眠状态，层层递进；到了第5个阶段，我们就会进入有梦睡眠，大脑活动会出现急剧的变化。测量发现，我们在有梦睡眠阶段的脑电波和清醒时的脑电波几乎一致，某些脑区甚至比清醒状态时还要活跃。有梦睡眠结束后，睡眠周期重新启动，由浅到深的4个睡眠阶段再次依序出现。这一共计5个阶段的周期总共大约持续 90 分钟，整晚不断重复。一开始，无梦睡眠占据了每个周期的大部分时间；随着睡眠阶段一次次的重复，有梦睡眠的时间占比会越来越大。

进入有梦睡眠后，大脑深处会出现桥滕枕波（PGO wave），导致眼球同步快速运动。有梦睡眠的学名叫作快速眼动睡眠（Rapid Eye Movement），取首字母缩写，简称为 REM 睡眠。与之相应，无梦睡眠的学名叫作非快速眼动睡眠（Non-Rapid Eye Movement），简称 NREM 睡眠。人们认为眼动促进了两个大脑半球之间的沟通，激活了各种记忆，在它们之间建立起错综复杂的联结，从而引发了梦境。在清醒状态下，我们的理性严防死守；而在梦中，各种思绪自由碰撞，更容易形成联结。在各种经验以新的方式冲撞、融合的同时，脑干会命令身体的所有随意肌彻底停止运动，让我们不会实际做出梦境里的各种动作，从而能够安全、自由地在大脑内撒野。有意思的是，只有在有梦睡眠阶段，我们才会完全静止不动地躺在床上；在无梦睡眠阶段，我们的肌肉会保持一定的紧张状态，梦游也只会在这一阶段出现。

有梦睡眠的好处很多，尤其是在解决创造性问题和调控情绪两方面。

首先来看问题解决。德国吕贝克大学（Lübeck University）的研究者进行过一个有意思的研究，被试需要在实验中完成几百道数学计算题。研究者告诉被试，可以运用已知的计算规则来解题；但被试并不知道规则背后其实还有简便算法，可以一次性解决更多题目。

第一轮的高强度测验结束后，所有被试都有 12 小时的休息时间，然后继续测验，再完成几百道类似的新的计算题。其中一半被试是在白天的清醒状态下进行休息的，他们之中约有 20% 的人发现了简便算法。另外一半被试的休息时长相同，但休息时间是在夜晚，在两轮测试之间睡了 8 小时，结果在后一组被试中，有 60% 的人发现了简便算法，相当于前一组的 3 倍。[62] 看起来，“睡一觉再说”这样的建议果然有一定道理。

在马修·沃克协助主持的另一项实验中，研究者希望弄清楚有梦睡眠状态是否直接有助于问题解决。研究者在被试睡觉时测量了他们的脑电波，然后在不同睡眠阶段把他们叫醒，完成一些短小的任务。在被试醒来之后，睡眠状态不会立刻终止，还会持续一小段时间，因此可能会出现有意思的结果。

被试会先在清醒的时候熟悉任务。他们要完成的是拼词测试，即从打乱顺序的字母中找出由 5 个字母组成的单词。熟悉任务后，被试就去睡觉了，并在当晚的 4 个不同时间点被叫醒，也就是从 4

个不同的睡眠阶段中醒来，然后快速完成测试。结果发现，如果被试在有梦睡眠阶段被叫醒，他们拼出的单词会比清醒状态下多出15% ~ 35%，而且完成的速度更快。被试报告称，答案“仿佛自动出现在了眼前”。如果是在无梦睡眠阶段醒来完成测试，或是在清醒状态下进行测试，结果就大不相同了。在后两种情况下，被试的反应更慢，需要仔细思考才能找到答案。[63]

有一则关于发明家托马斯·爱迪生的趣闻，正好和上述实验有关。他发明了一种小睡技巧，称之为“成为天才的最后一步”（genius gap）。爱迪生把纸笔放在自己正前方的书桌上，又在地上放了一只金属水桶，正对着座椅扶手的一端，然后手握滚珠，背靠着椅子小睡。一旦他开始做梦，肌肉就会放松，滚珠从手中滑落，掉入水桶，发出的碰撞声便会令他惊醒。他便马上拿起笔，把还没忘掉的梦里的点子记下来。这个人的确是个名副其实的天才。

通过做梦改善人际关系

做梦对人的情绪也具有重要作用。梦中的信息仿佛加过密，几千年来，人们一直试图破译这些神秘代码。梦的内容常常让人联想到现实生活里的经历，但似乎又包含了一些完全陌生的元素。人们提出过各种理论来解释梦境，有的认为梦是被压抑在潜意识里的欲望，有的认为它是从高维空间发出的信息。这些猜想都很精彩，但近年来研究人员得出的结论也毫不逊色。要知道，在梦境中有一个方面似乎与加密毫不相干，完全符合我们的日常经历。我指的就是情绪状态。

只要满足一定的条件，情绪就会在梦境里重现。在有梦睡眠进行的同时，与压力有关的神经递质去甲肾上腺素恰好在大脑中消失了。这种引发焦虑的化学物质也是躯体应激激素肾上腺素的先体。也就是说，人们的日常经历和随之产生的情绪都会在梦中上演，但做梦时大脑中的神经化学环境是更加平和的。这就相当于一种心理治疗。在做梦时，我们可以加工记忆，同时隔绝与记忆一并存储的强烈情绪。这样一来，我们就可以重新思考发生过的事，但不必再次体验到情绪的大起大落。马修·沃克认为，要不是因为有梦睡眠发挥了这种作用，我们都会陷入慢性焦虑之中。但只要睡一觉，这种心理治疗就能起效了。

一项研究要求健康的年轻人观看带有情绪色彩的图片，并说出这些图片让他们感受到的情绪强度，同时利用磁共振成像扫描观察被试的大脑活动，以确保被试的自我报告不是研究数据的唯一来源。12 小时后，同一组被试再次观看了相同的图片。和前面介绍的问题解决研究一样，其中一半被试是在白天的清醒状态下进行休息的；另一半被试的休息时长相同，但睡了一夜。

第二次观看图片时，两组被试表现出了显著差异，晚上休息的被试的杏仁核活跃度更低。杏仁核是大脑的情绪中枢，在感到痛苦或受到威胁时才会激活。此外，这些被试的前额叶皮层活跃度也更高，这个脑区负责协助调控强烈的情绪反应。白天休息的被试的消极情绪和第一次观看图片时程度相当。磁共振成像扫描结果与被试的自我报告一致。[64]

芝加哥拉什大学（Rush University）的研究者开展了大量相关研究，研究结果也支持上述差异是由做梦导致的。研究者记录了因为离婚和分居而出现情绪创伤的被试报告的梦境。一年后进行的追踪调查表明，有些人会反复梦到现实生活中的情绪反应片段，他们早已处理好了情绪创伤，战胜了抑郁；有些人梦到的都是其他内容，他们依然表现出各种抑郁的症状。[65]

也有研究调查了去甲肾上腺素对创伤后应激障碍（Post-Traumatic Stress Disorder，简称 PTSD）的作用。创伤后应激障碍患者会带着痛苦的记忆继续生活，一遍遍地重复过去的体验和相伴而来的强烈情绪。研究发现，这些患者的有梦睡眠经常中断。有研究指出，在创伤后应激障碍患者的神经系统中，去甲肾上腺素的含量高于普通人。此外，在对这些患者进行高血压治疗的过程中，还得到了一个意外发现。他们服用的高血压药物产生了副作用，导致其大脑内的去甲肾上腺素水平降低。几个星期后，患者声称闪回和噩梦有所缓解，睡眠状态也得到了改善，不像从前那样害怕了。[66]

有梦睡眠对情绪的影响还会扩展到我们与他人的关系上。一项研究要求被试观看人像，人像的表情逐渐改变，从友好到中性，再到敌意。研究者将图片依次呈现给被试，同时对被试进行脑扫描，从而测定图片让被试感到友好还是威胁。被试都能正确理解图片的意义，他们的口头报告也证实了这一点。研究者还记录了被试的睡眠情况，并据此得出结论，被试的有梦睡眠越好，对图片的情绪特征就理解得越准确。

同一组被试在没有睡觉的情况下进行了第二次测试，观看了另一些图片。这一次，他们对表情的解读就没有之前那么到位了，比较难以觉察到表情中的细枝末节和细微线索。在这一轮实验中，他们甚至会把威胁的表情误认为友好，或是反过来。看起来，没有了有梦睡眠，帮助我们理解社交情境的精密指南针也就失效了。换句话说，睡眠能帮助我们在清醒状态下更准确地感知现实。[67]

有梦睡眠增进了情绪调控能力，可以帮助我们应对日常生活中的压力。我们的前额叶皮层的控制力提升了，对攻击性行为的自控力也有所增强，不再轻而易举地“暴走”。也许你还记得手脑模型，有梦睡眠改善的就是不同脑区间的协同作用。因此，睡眠也让我们更容易保持专注。它能帮助我们实现长期目标，抵抗冲动的诱惑。

看来，有梦睡眠及其产生梦境的适应功能的进化之谜已经被破解了。当我们还是类人猿的时候，为了安全而睡在树上，必须不惜一切代价避免自己掉下去。这倒不难，因为在深度睡眠中，肌肉仍然可以紧紧地抱住树枝。后来，我们成为直立人，学会了用火，改为睡在地面上。危险少了，肌肉也能完全放松了，于是有梦睡眠的时间变长了。马修·沃克提出了一种假设，认为有梦睡眠的增加为人类这一物种带来了巨大的好处。一方面，人类的创造性得到提升，问题解决能力也随之增强，得以发明各种工具和武器；另一方面，人类的社交关系得到了长足的发展，形成了更具凝聚力的团体，也更善于处理和应对精神创伤了。[68]

每天最重要的约会

这些观点对于驾驭电子屏具有宝贵价值。科技的使用导致我们睡得越来越少，睡眠质量越来越糟糕，后果非常严重。有意思的是，睡眠剥夺对有梦睡眠的负面影响尤其严重。睡眠时间越长，有梦睡眠在每一轮睡眠周期里的比重就越大。也就是说，如果睡眠时间缩减了，睡眠周期的后程就会消失，即有梦睡眠会变少。可能你也有过类似的体验，如果睡不好觉，你就很容易急躁，会不假思索地朝最亲近的人发脾气。缺觉会影响我们的社交能力，让我们变得难以合作，无法理解他人的情绪。

你一定还记得我们之前提到过的那篇有关美国大学生近 20 年来共情能力大幅下降的综述研究。有梦睡眠的普遍减少会不会也是造成这种现象的原因之一呢？

恰巧在同一时期，在美国也进行了一项有关睡眠习惯的研究。该研究调查了几千名美国年轻人，想知道他们中有多少人能够睡足 7 小时以上。在这里我要多嘴说一句，对年轻人来说，睡 7 个小时仍是不够的，不利于大脑发育。研究期间，达到这一重要的最短睡眠时长的人，所占比例越来越小。15 岁年龄段的降幅最为显著。研究开始时，该年龄段中有 71.5% 的人能睡足 7 小时；20 年后，睡足 7 小时的人只有 63% 了。[69]

在卧室使用电子屏与更短的睡眠时间及更糟糕的睡眠质量具有相关性，这一点已经得到了公认。2016 年，研究者首次进行了系统性调查，以超过 12.5 万名儿童和青少年为调查对象，探讨了睡眠和在卧室里使用多媒体的习惯，研究者的关注焦点是便携式电子屏。结果发现，影响睡眠的不仅是电子屏的使用，只要有电子屏出现在卧室里，就会和更短的睡眠时长、更糟糕的睡眠质量形成显著的相关关系。[70]

虽然这些研究的对象是儿童和青少年，但我相信许多成年人也有相似的行为模式。只要你根据本书的指导对自己进行正确的测量记录，就不难发现这一点。以往我们从未注意到，经年累月形成的科技使用习惯给我们带来了消极影响，直到现在才逐渐有所觉察。我们要刻意限制科技的使用方式，也就是要敢于实验、敢于改变，这样才能通过对比发现更好的方法，做得更好，而不只是依赖于种种猜想。

我自己也在不断地探索如何驾驭电子屏、养成智慧的生活方式，直到最近，我才开始尝试在睡眠领域做出改变。多年以来，我一心研究饮食和健康养生，开展过许多卓有成效的实验，但最近我才开始意识到：想要让人的软件、硬件都正常运转，睡眠是必要的基础。过去，我深信某些大男子主义的观点，认为睡觉或多或少代表着懒惰，一个人应该尽可能睡得越少越好。而现在，我发现阻止我早睡、导致我晚睡早起的才是真正的懒惰。

如果你每晚都能睡够 8 小时，坚持一周以后，你起床时的感受就会变成最有说服力的证据。那就好比服下了某种功效强大的提升专注力的膳食补充剂，再加上快乐药丸。每天早晨，你都能回忆出夜间梦境的些许片段，这能让生活迸发出新的火花。我已经多年不曾有过这种规律的体验了。此外还有研究指出，轻微的睡眠剥夺即可导致工作效率下降 58%，而中等程度到严重程度的睡眠剥夺可能导致工作效率下降 107%。[71] 这自然会影响到有着各种睡眠问题的人，但我们没有理由主动剥夺自己的睡眠。

你不妨以成功的企业家和睡眠倡导者阿里安娜·赫芬顿为榜样。她把睡眠看成每天的约会，这是自己跟自己的约会，也是最重要的约会，因为它会影响你当天和其他人见面时的状态，不管是工作上的同事还是生活里的亲友。

了解深度睡眠对健康的影响，还让我有了新的领悟。瑞典乌普萨拉大学（Uppsala University）的神经科学研究员克里斯蒂安·本内迪克特（Christian Benedict）是一位著名的睡眠研究专家，致力于让更多人关注睡眠。他和科学记者明娜·通贝里耶（Minna Tunberger）共同创作了一本通俗易懂的著作《睡眠，睡眠，睡眠》（*Sömn sömn sömn*; Bonnier Fakta, 2018）。这本书带领读者踏上了神奇的睡眠世界中的又一场冒险，并为下节内容提供了部分依据。

深度睡眠：健康生活的免费特效药

虽然人们对生活方式和痴呆症的因果关系尚未完全达成共识，但近年来开展的研究依然提供了许多有用的信息。至少，痴呆症与紊乱的睡眠周期和睡眠质量下降具有显著的相关关系。

阿姆斯特丹大学的一个研究团队在养老院开展了一项研究，被试的症状与痴呆症相似。为了改善被试的生物节律，研究团队延长了他们早上晒太阳的时间，并让他们在夜间服用褪黑素，这是一种诱导睡眠的激素。被试的睡眠状况迅速得到了改善，记忆衰退与情绪恶化都出现了显著的缓解，痴呆症总体症状的发作也有所延缓。

据估算，人一生中患上痴呆症的风险大约为 10%。瑞典研究者进行过一项长达 40 年的研究，对老年人的睡眠模式展开了大规模调查。结果发现，自称睡眠有问题的被试患上痴呆症的可能性比睡眠良好的被试高出 50%。[72] 这么大的差异听起来非常吓人，但请注意，这只是把10%的风险提升到了15%。

在清醒状态下，一种叫作β淀粉样蛋白的蛋白质片段会在大脑中堆积。它是脑活动自然产生的副产品，类似于发动机工作时产生的尾气。然而到了晚上，神奇的事情发生了。大脑中有一种神经胶质细胞，是为神经细胞提供养分和氧气的支持性细胞，也负责完成一些其他任务。深度睡眠时，大脑中的神经细胞开始休息，不再需要那么多养分了。和白天相比，神经胶质细胞的体积会缩小30%。睡觉时脑袋会缩小？这听上去怪吓人的，但其实是件好事，能腾出多余的空间，让脑液清洗脑组织中的有害物质，例如β淀粉样蛋白，把它们冲走。这就像洗澡一样，能让大脑保持清洁和良好的状态，为新一天的活动做好准备。如果深度睡眠受到干扰，就无法达到相同程度的清洁效果了。经过一夜的睡眠剥夺，在海马、丘脑等关键脑区，β淀粉样蛋白会增加5%。在动物实验中，如果此时叫醒动物进行测量，会发现上述清洁效果大幅下降了95%。[73]如果人们因为罹患阿尔茨海默病等疾病而导致痴呆症，他们的β淀粉样蛋白就会留在大脑内部，附着在脑细胞周围，就像牙菌斑附着在牙齿上一样。脑细胞之间的沟通因此受阻，最终走向死亡。

深度睡眠也是增强免疫力的最佳方式。阻挡病毒和细菌的侵扰需要耗费大量能量。一旦睡眠被剥夺，免疫功能的优先级会马上降低。在入睡后的第一个小时，褪黑素、生长素、催乳素都会分泌到血液中，组成一杯“激素鸡尾酒”，增强免疫系统。

褪黑素的好处很多，其中一项是它能调动人体内的“精英部队”来识别和消灭有害物质。20 世纪 70 年代，瑞典卡罗林斯卡学院发现了这支由 NK 细胞构成的人体警卫队，NK 是“自然杀伤”（Natural Killer）的缩写。在我们睡觉时，这些细胞会进入体内，找出病毒和细菌之类的入侵者，将其消灭。它们还能及时发现出现变异的人体细胞。如果发现了恶性肿瘤细胞，它们会立刻击杀这些癌细胞的细胞外膜。NK 细胞就像是顶级特工一样，它们会将蛋白质注入癌细胞，改变其致命属性。

一项以健康的年轻男性为对象的研究发现，如果夜间睡眠不足 4 小时，NK 细胞水平将大幅下降 70%。[74] 研究者还利用滴鼻液向被试注入了普通感冒病毒，结果发现，睡眠不足 6 小时的被试患上感冒的可能性，比睡眠时长超过 7 小时的被试高三倍。[75]

深度睡眠对维系心血管健康也具有重要作用。心脏和其他肌肉具有天然的差异，不可能完全停下来休息。但在深度睡眠时，脉搏和血压会下降，这极大地减轻了心脏的负荷，并启动了心脏的修复过程，用新的蛋白质取代受损的蛋白质。如果我们睡得不够，这一修复过程就会受到抑制，心脏得不到足够的休整，就可能出现超负荷工作的风险。

以身体状况良好的年轻男性为对象进行研究发现，即使是轻微的睡眠剥夺也会马上导致血压和心率升高。睡眠不足对心血管系统的影响表明，单靠体育锻炼还不足以保持健康。睡眠对人体的所有生理系统都能产生有益的效果。如果比较 45 岁以上的成年人，每晚睡眠时间少于 6 小时的人在一生中患上心脏病或中风的风险，比每晚睡足 7 ～ 8 小时的人要高出 200%。[76]

如果前面说的这些还不足以让你洗心革面、好好睡觉，那我就再多说一条：睡觉能减肥。你一定早就发现了，有些人明明吃得比别人多，但好像就是不会长肉，部分原因在于这种人的新陈代谢难以将营养物质有效转化为能量储备，于是能量大多被转化成了热量，由身体散发出去。在吃完上顿没下顿的石器时代，这是一种严重的劣势；但在食物储备丰富的现代社会，情况彻底扭转了。这种产生热量的现象名为生热作用（thermogenesis），生热能力强的人令我们十分羡慕。然而，所有人的体温在夜间都会下降，这与你是醒着还是睡着了无关，是出于与生俱来的昼夜节律。因此，如果你在夜间进食，就会比白天吃东西储存更多的脂肪。

但我们也可以将更多的能量转化为热量。克里斯蒂安·本内迪克特同德国科学家合作，对这种现象进行了研究。他们发现，经过一晚上的睡眠剥夺后，到了第二天早上，营养物质产生的热量就会降低 20%。[77] 如果夜间休息时间减少、活动增多，我们的身体就会将其理解成一种需要储备能量的信号，以防这种状态会持续下去。如果睡得少了，胃部分泌的饥饿激素也会增多，这样才能保证我们拥有充足的能量。除此之外，胰高血糖素样肽 -1（GLP-1）和瘦素这样的饱腹感激素也会受到影响，出现分泌时间延迟或分泌量减少。为了生存，我们的身体会无所不用其极。如果希望让身体明白一切安好、不需要采取任何紧急措施，我们要做的就是好好睡上一觉。

睡个好觉的确对健康具有重要的作用，想到这些，“睡美容觉”这种说法也变得有道理了。但人们往往忽略了一个事实：美容觉是每晚都需要的。

瑞典卡罗林斯卡学院开展过一系列研究，被试为学生，他们在健康状况、可信赖度、外貌吸引力三个方面的评估结果大致相当。被试被分成三组。第一组要睡 7 ~ 8 个小时；第二组接受了一定程度的睡眠剥夺；第三组整晚都没睡。研究者另外找了一组对实验性质毫不知情的学生，让他们观看上述被试的照片，并对其健康状况、可信赖度、外貌吸引力进行了主观评估。评估结果与被试前一晚睡觉的时长几乎完全吻合。经历了一整晚睡眠剥夺后，人的可信赖度、健康状况、外貌吸引力都变差了。[78]

睡眠是学习中的关键一步

我们的大脑每天都要处理海量的信息，不停地把各种想法与感觉印象联结起来。事后，我们可以原路返回，重新激活某些联结，将其变为记忆。这些记忆联结都是在海马中形成的，它是大脑边缘系统的一部分。很多记忆只需要暂时保留，如停车位置、约好的开会时间；另外一些记忆则需要长久保留，如学习过程中获得的知识和其他重要的人生经历。

在我们睡觉的时候，大脑也在进行一个重要的挑选过程，决定哪些东西要被长期记住，哪些要忘记。这个过程不是在做梦时发生的，而是发生在深度睡眠的早期。脑电波此时受到抑制，更加平缓，波动也更规则；一些记忆被挑选出来，从海马转移到大脑皮层，形成更牢固的长时记忆。你可以将海马看作一个容量有限的暂存空间，用于在白天存放信息。睡眠纺锤波是一种短暂的小型高频神经振荡活动，正是它激活了记忆的转移，起到类似于润滑剂的作用，让海马和大脑皮层中的正确位置形成了更紧密的联结。在这一睡眠阶段，出现的睡眠纺锤波越多，你当天学到的东西就会被记得越牢。

多年研究表明，在休息时长相同的情况下，晚上睡一觉后保留的记忆会比白天休息后多出 20% ~ 40%。近年来，研究者利用磁共振成像观察了海马和大脑皮层的记忆形成过程。清醒时，休息过后，记忆形成的位置是在海马处；而睡了一晚之后，同类型的记忆会在大脑皮层被回忆起来。

当重要信息被转移到大脑皮层后，海马也就清空了，于是便可以在第二天形成更多联结。这一挑选过程非常先进，我们的大脑能自行判断出哪些是重要信息，需要长期记住，哪些可以忘掉。

在一项实验中，被试需要学习一组单词。这些单词都被标记了字母 R（记住）或字母 F（忘记），表明单词是否需要被记住。这就好比在课堂上，老师告诉学生哪些内容会在接下来的考试中考到，哪些不需要特别留意。

接下来，其中一半被试睡了一觉，另一半保持清醒，然后请他们回忆这些单词，越多越好，不用在意单词的标记是什么。研究者希望通过这个实验证明，睡眠到底是提升了所有单词的学习效果，还是对重要信息起到了区分作用。有意思的是，实验结果发现，睡过一觉的被试对标记了字母 R 的单词记得更好，同时也有效地忘记了那些不需要记忆的单词；而没睡觉的被试则未能表现出这种区分能力，他们记不住哪些词要记、哪些词要忘。[79]

睡眠对学习具有重要作用，我们可以有意识地利用这一点。学习时，保证前一晚的睡眠质量非常重要，这样才能将海马重新“格式化”，准备好迎接新知识。完成学习后，睡眠也很重要，它有助于形成长时记忆。这也体现了在一段时间里分散学习的好处，最好不要在考试前夜临时抱佛脚。只有每天学习，睡眠才能发挥作用，定期对知识进行备份，将其存入更安全的硬盘里。由于记忆的转存出现在深度睡眠的早期阶段，我们甚至可以在白天学习的休息时间利用高质量的小睡来实现这种效果。当然，由于睡眠纺锤波在睡眠周期的后程才会频繁出现，因此夜间的高质量睡眠仍然非常必要。

在这一睡眠阶段，我们还可以通过对目标记忆重新激活来促进记忆的转存。这一点也非常有意思。一个瑞士研究团队对正在学习荷兰语单词的被试进行了研究。被试睡觉时，研究者播放了他们白天学过的某些单词的录音。你可能也猜到了，被试在第二天会对这些单词记得更好。如果你也想尝试一下这种方法，首先需要注意的是，我们不可能在睡觉时学会新单词。只有海马已经形成了联结，记忆才能被睡眠巩固，而建立联结的过程只能发生在清醒时。但我们的确可以进一步激活转存，让记忆进入大脑皮层。[80]

我个人并没有试过用睡眠来保持记忆的策略，因为我所练习的记忆术能帮我快速建立更多新的记忆联结，并对其拥有绝对的掌控。我会在第 8 条健脑秘诀中介绍这些方法。当然，这些方法只能在清醒时使用，它们的加工位置在海马。我恰好也知道如何刻意重复这些记忆联结，以保证自己的记忆维持得更久。由于这些练习需要好几天才能完成，也就意味着睡眠很自然地参与了整个过程。我所用的这些经过训练的记忆方法相当于给内存管理器装上了最好用的软件，而通过睡眠将记忆转存到大脑中的正确位置则是一个关系到硬件的过程。

在深度睡眠早期出现的睡眠纺锤波不仅对学习新知识具有重要作用，它们在动作技能的学习过程中也很重要，例如走路、骑自行车、弹吉他。这时候，睡眠纺锤波不是致力于拓宽海马的转移通路，而是专注于运动皮层，改善和加强相关脑区的联结。不管我们白天做了什么，到了晚上，睡眠纺锤波都会在相对应的脑区强化这些信息，真是太奇妙了。

马修 · 沃克讲述过一个小故事，这件事对他的睡眠研究生涯具有重要的意义。在一次讲座结束后，一位钢琴家走到他面前，讲述了自己是如何练习最难演奏的钢琴曲的。他练了很久，屡败屡战，但仍然弹不好。之后，他去睡了一觉。第二天早上，他发现自己的手指在琴键上来去自如，头一天始终弹不好的曲子现在可以完美地演奏出来了。

沃克总结了近 10 年的研究成果，对这种现象做出了解释，他表示深度睡眠早期阶段的睡眠时长直接关系到动作技能的提升。在每晚 8 小时睡眠中的最后两个小时激活的睡眠纺锤波尤为重要。讽刺的是，运动员和职业音乐家常常会为了早起训练而牺牲这两个小时的睡眠。我们可以根据这些脑机制的相关研究来推断：老话说的“熟能生巧”并不一定完全准确。练习加睡眠才能“生巧”。

如何保持高质量睡眠

那么，我们到底需要睡多久呢？答案自然因人而异，但专家们一致认为：成年人应每晚睡足 7 ~ 9 小时。有些专家坚持认为，平均每晚睡 8 小时才有益于健康。现在已经发现了一种特殊的基因，拥有这种基因的人即使每晚只睡 5 小时，也不会产生负面影响。然而这种基因极为罕见，拥有它的人比被闪电击中的人还要少。因此，千万不要抱有侥幸心理，忽视自己对睡眠的需要。

如果无法保证充足的睡眠，就需要进行长时间的练习，付出额外的努力来确保外部条件有利于入睡。人们普遍存在一种误解，认为年龄越大睡得越少，其实并非如此。只不过随着年龄的增长，许多人越来越难以保证充足的睡眠，他们的睡眠需求自然就减少了。这就好比随着骨密度的逐渐降低，人们对增加骨骼强度的需求也降低了。

人的疲劳水平与警觉性主要由两个相互独立的加工过程进行调节。一是清醒状态下每小时都会逐渐累积的睡眠压力。每天，大脑中的腺苷化合物会随着时间的推移逐渐增多。晚上睡觉时，腺苷会被排出脑外，然后在第二天又继续累积。

有一种物质也能影响我们感受睡眠压力的方式，那就是咖啡因，它在大脑中所附着的受体恰好与腺苷相同，于是可以挤掉腺苷，让我们更加警觉。咖啡因会逐渐分解，而腺苷则继续累积，最终与受体结合，这时睡意便会重新向我们袭来。分解咖啡因的速度因人而异，但对大多数人来说，所需的时间比我们想象中更长。我们通常需要 5 小时才能分解掉摄入的咖啡因的一半，也就是说，许多人在喝完最后一杯咖啡的 8 小时之后，体内仍然残留着大量活跃的咖啡因。因为这个过程实在太长了，所以我们很少会将糟糕的睡眠质量和当天早些时候所喝的咖啡联系在一起。

另一个调节疲劳的核心加工过程是昼夜节律（circadian rhythm），

它与睡眠压力无关，会让人早上更清醒、晚上更疲倦。控制昼夜节律的脑区很小，视网膜的光敏区会发出信号，作用于该区域。白天，这一昼夜节律起搏器通过调控激素水平让我们保持清醒；到了晚上，它又通过调控系统促进睡眠。

在现代社会，即使已经到了睡觉时间，但电灯、电子屏和室内空间的存在都不利于昼夜节律起搏器同步调节辅助睡眠的激素。还好我们自己可以出一把力。有很多我们可以做到的事，都能够提升睡眠质量。

首先，要在早上保证昼夜节律起搏器接受充足的光照，越早越好。在晴天，哪怕只有 30 分钟的户外活动也能改善当晚的睡眠质量。顺便提示一下，这时最好不要戴墨镜。如果是阴天，户外活动的时间可能要更长一些。请记住，哪怕是在阴沉闷热的天气里，户外的光照也比室内多 2 ~ 5 倍。如果不能外出，坐在窗边也行。克里斯蒂安·本内迪克特和同事进行过相关研究，并在《睡眠医学》杂志（*Sleep Medicine*）上发表了一篇综述性文章，介绍了他们的研究结果。文章表示，病床离窗户不到一米的住院病人要比距离窗户更远的病人睡得更好。他们每晚能多睡一小时，恢复也更快，住院的总时长更短。[81]

另一种提升睡眠质量的方式是在夜间减弱周围的光照。夜间使用遮光窗帘可以带来很好的效果，因为人在睡觉时会对光照极为敏感，哪怕是非常微弱的光照。夜间醒来时，最好不要开灯。

夜间使用电子屏会造成很大的影响。美国的一项研究要求被试每天在睡前阅读实体书，为期 5 天；之后则在平板电脑上阅读电子书，同样为期 5 天。随后研究者对被试进行测量，发现了显著差异。和阅读实体书相比，使用电子屏后，被试的有梦睡眠时间减少了，晚上不困，第二天早上却更加疲惫。[82]

到底是蓝光影响了睡眠，还是各种光照共同起作用呢？各种观点依然争论不休。不管真相是什么，电子屏和人眼的距离比其他光源更近，这会导致昼夜节律起搏器误以为此刻仍是白天。晚上使用电子屏的时候，你可以用特制的蓝光眼镜做个实验，或是干脆像摇滚明星那样，在室内戴上墨镜。克里斯蒂安・本内迪克特进行的另一项研究得出了有关电子屏光线的有趣发现。他以白天接受过大量光照的人为研究对象，想知道如果他们深夜使用电子屏，是否会影响睡眠。该研究发现了一个关键的影响因素。如果人们白天接受过大量日光照射，然后在夜间将平板电脑屏幕设置到最大亮度使用两小时，他们的睡眠不会受到任何影响。[83] 也就是说，晨间的户外光照对我们的昼夜节律起搏器来说才是最重要的。

还有一个影响昼夜节律的重要因素是温度，包括室温和体温。

进化导致我们的体温会随着夜间室温的下降而下降，不论我们是睡着了还是醒着。阻止体温下降会对睡眠产生负面影响。因此，最好不要在临睡前安排体育运动。运动会提高你的应激水平，加快血液循环，进而导致体温升高。另一方面，热水淋浴或泡澡则有奇效。这听上去可能有点自相矛盾，但事实上身体升温后将导致血管扩张，从而促进热量释放，达到降温的效果。

如果室温低一些，我们会睡得更好。治疗严重失眠的睡眠医学专家通常建议患者把室温调低几度，虽然一开始这可能会让人感觉不太舒适。研究发现，对大多数人来说，如果盖着被子睡觉，理想室温应在 18.3 度左右。[84] 室温降低后，大脑就得到了一个明确的信号，从而开始分泌睡眠激素褪黑素。

但是，并不是所有人的昼夜节律都一致，而且昼夜节律往往会随着年龄而发生变化。有些人是夜猫子型，另一些人则是早鸟型。青少年往往在晚上更活跃，但昼夜节律随着年龄逐渐改变，到了晚年，早起就变得更普遍了。从进化的角度来看，这些差异对人类是有帮助的。有些人在熟睡，有些人则保持清醒、照看篝火，这样可以把容易受到捕猎者和敌人伤害的时间控制在最短范围。

但当今的社会规范并不适合“夜猫子”。学校要上早课，正常的上班时间也让早起成为一种常态。“夜猫子”的昼夜节律往往是最容易出问题的。他们早上睡得太久，很容易错过重要的日照；到了晚上，他们的大脑又接收了电子屏发出的各种光照，从而陷入恶性循环。太晚吃饭的习惯也不好，因为这个时候体温已经在下降了。

但希望还在。在自然环境中对露营的“夜猫子”和“早鸟”进行研究发现，如果失去人造光源，两类人都会更早入睡。二者间的差异依然明显，但不像在日常环境里那么明显。这表明“夜猫子”也能够学会早睡，但他们必须对自己的昼夜节律更上心。

有些人利用睡眠测量工具和应用程序帮助自己提升了睡眠质量，但我想要在此强调一下这种做法的注意事项。就我们讨论的问题来说，测量有时反而会产生反作用，影响睡眠质量。2017 年《临床睡眠医学期刊》（*Journal of Clinical Sleep Medicine*）发表的一篇文章对此进行了报告。人们可能会采用不准确的数据作为基准，从而导致测量方法不正确。除了这种风险以外，测量行为本身也会带来压力，把睡得好变成了一种刻意的追求，让人们把每一分每一秒都仔细地记录在案。据报道，有些人为了让睡眠数据更漂亮，躺在床上消磨了大量时间。但高质量睡眠本应是成就压力和需求的对立面。[85]

另外需要注意的是，不要把卧室变成制订计划的地方。安静的环境会让思维更活跃，让人着手为明天做计划，或是在脑子里解决各种问题。为了避免这么做，你可以在入睡前在其他地方写下待办事项清单，也可以腾出一段特定的时间，全神贯注地制订计划、写下需要做的事，从而逐渐改掉利用睡觉时间来制订计划的习惯。

大脑积分自评

初级

□ 每晚保证 7 小时睡眠，持续一周后，得 1 分。不要为了计算睡眠时间而忧心忡忡；只要在床上待够时间、不做其他事情即可。

□ 每晚在固定时间上床，并在固定时间起床，坚持一周后，得 1 分。如果入睡困难，请在周末也保持相同的作息时间。按照马修·沃克的说法，这条建议对于改善睡眠最重要。

□ 每天早上在户外待 30 分钟，或是坐在室内靠窗的位置，坚持一周后，得 1 分。

□ 睡觉的时候，请确保卧室内完全黑暗。如有需要，可以使用遮光窗帘，并移走会发光的时钟或科技产品。夜间不要把智能手机放在卧室里。

□ 不要在酒精的作用下入睡。戒掉饮酒的习惯，或减少饮酒的次数。取得显著进步后，得 1 分。虽然酒精能够助眠，但会减少有梦睡眠，导致你睡得更浅。酒精从体内消失后，你很容易就会醒过来。酒精还会引发打鼾、不规则的呼吸，以及睡眠窒息症。

高级

- □ 每晚保证 8 小时睡眠，坚持一周后，得 1 分。不要为了计算睡眠时间而忧心忡忡；只要在床上待够时间、不做其他事情即可。
- □ 中午 12 点以后，不要再喝咖啡或其他含有咖啡因的饮料。睡前三小时，不要进行任何体育锻炼。正餐和睡觉至少间隔两小时。坚持一周后，得 1 分。
- □ 选出一个制订待办事项的固定场所，比如厨房。睡前去一趟，写下所有重要的想法。把这些想法留在那里，然后再去睡觉。
- □ 卧室温度不要高于 19 度。如果没有空调，可以把冰袋或冰冻的塑料水瓶放在风扇前，创造性地解决这个问题。坚持一周后，得 1 分。
- □ 睡前先用热水淋浴或泡个热水澡，至少要用热水彻底清洗双手和脸颊。这能扩张血管，帮助身体降温。坚持一周后，得 1 分。睡觉时把双脚放在被子外面，也能促进身体释放热量。
- □ 摸索出一种作息方式，让自己在睡前拥有片刻的宁静和愉悦，而不是通过浏览海量订阅信息来放松自己。采用新的作息方式一周后，得 1 分。

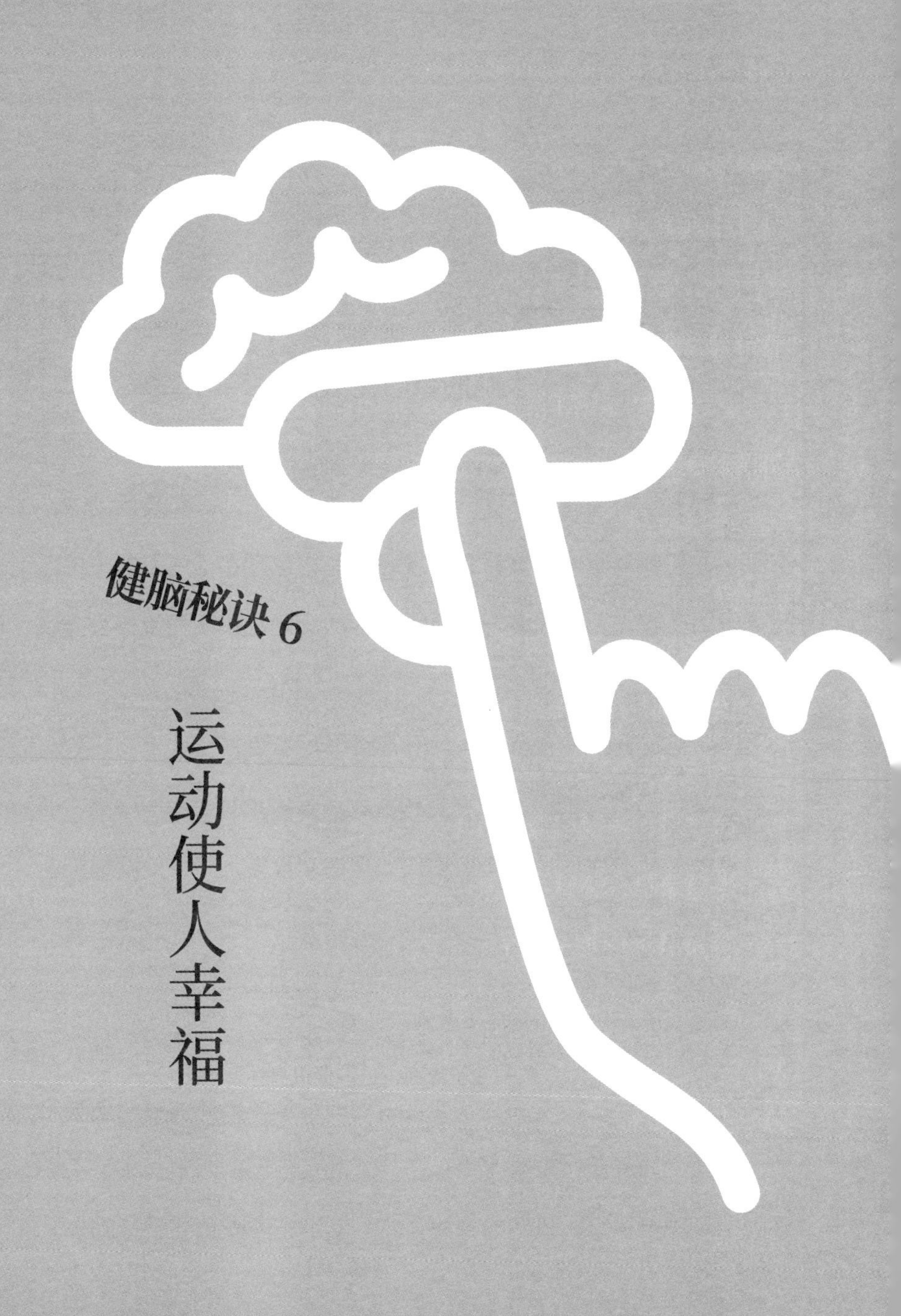

健脑秘诀 6

运动使人幸福

大脑的核心任务

在数字时代的背景下讨论幸福与成功，自然无法回避运动这个领域。想要驾驭电子屏，我们就必须关注自己在不使用电子屏时的行为。首先，来回答一个更为复杂的问题吧：人类为什么会有大脑？

这个问题看起来有点古怪，但答案很可能更古怪。生物一旦拥有了某种形式的脑，就能享受到植物所没有的好处——移动，从而有助于其寻找食物和繁衍后代。据说，世界上第一个脑细胞出现在6亿年前，它的任务可能就是协调运动，让原始动物更容易获取养分。

这一点也适用于现代人。人脑的核心任务依然是协调运动。我们的肌肉动作已经发展到了非常精细的程度，因此能够学会与他人沟通，通过合作来改善生存条件，满足自己的基本需求。先进的工具层出不穷，我们的身体也不甘落后，不断更新着运动形式。如今，要想填饱肚子，最有效的方法是手指的小幅协同动作，即敲键盘。这样的手指运动也能有效推动群体合作，以及帮助我们找到配偶。

时代的发展带来了工具的快速更新，首先是工业革命，然后是信息时代，以往的运动形式纷纷被淘汰。虽然我们可以快速适应新的生活方式，但这并不意味着我们的基本生物功能也已经改变。正如外部环境的改变不会导致人体突然长出第三只胳膊，人脑的基本功能也不可能迅速适应种种改变。过去 150 年来，虽然社会已经发生了翻天覆地的变化，但人脑依然和 4 万年前相差无几。

运动是健康的基石，这种观点早已是老生常谈。肌肉不用就会萎缩，心脏也一样。但科学家直到最近才发现，大脑技能、幸福感，也同样都与运动密切相关。难以捉摸的内分泌系统是情绪的本源，而运动恰恰能直接对这一系统造成影响。同样，神经递质作用于脑，调控情绪、专注力和想法的方式，也同我们使用肌肉的方式紧密相关。

为什么我们在运动后往往会感到自己状态全开？对人脑这种已经存在了千万年的器官稍加深入剖析，我们就会发现这不仅是因为运动可以改善健康。

在人类的发展历史中，跑得快不快通常能够决定生死。我们既要躲避肉食动物，又要追捕猎物，不管奔跑的原因是什么，当我们停下来大口喘气的时候，都会感到极大的满足，因为自己刚刚完成了一件性命攸关的大事。这是一次伟大的胜利，值得大肆庆祝。时至今日，我们的原始脑区依然会为此庆祝。

然而，打猎和爆发性的短跑并不是所有部落成员的日常。几千年来，无论性别，无论年龄，远距离步行才是所有人都会做的事，它能帮助我们找到更好的生存环境和食物来源。所以，步行的结果总是与希望、更好的生存机会息息相关。

在现代人的生活中，出现了定期体育锻炼这种奇怪的活动，我们的大脑仍在适应这件事。因为在人类的进化过程中，绝大多数时间里，人们都在为生存而努力，不停地运动着。

一种效果更好的抗抑郁药物

安德斯·汉森（Anders Hansen）是一名医生兼精神病学家，他致力于让更多人了解体育锻炼对大脑和幸福感的积极作用。他在其著作《大脑的力量》（*Hjärnstark*; Fitnessförlaget, 2016）中总结了这一课题现有的科学研究进展，并用全新的观点解释了许多人坚持体育锻炼的理由。

汉森介绍过许多令人惊叹的研究，其中一项研究希望确定运动对临床抑郁症的治疗效果，并将这种效果与药物治疗进行对比。该研究的被试人数相当多，而且都是抑郁症患者。他们被随机分成了三组，第一组被试服用药物左洛复（Zoloft），这是世界上使用最广泛的抗抑郁药物；第二组被试每周跑步三次，每次 30 分钟；第三组既要服用左洛复也要跑步。4 个月之后，在三组被试中，大多数人都不再符合抑郁症的诊断标准了。进行体育锻炼的被试和服用药物的被试获得的治疗效果相差无几。

6 个月后，研究者对被试的近况进行了追踪调查，得到了更惊人的发现。被试可以自由选择后续治疗方式，有些人选择了体育锻炼，有些人选择了服药，还有人选择了心理治疗。选择服药的被试中，有 38% 的人在这段时间内抑郁症复发了；而在进行体育锻炼的被试中，复发的比例只有 8%。这表明体育锻炼对抑郁症的长期预防效果比药物治疗更好。

后来，又有人从 100 多个研究中选出了 30 个最成功的研究，发表了一篇系统性综述，探讨体育锻炼能否预防抑郁症。在这 30 个研究中，有 25 个研究支持体育锻炼对抑郁症具有预防作用。对这类综述研究来说，这么高的成功率非常罕见。[86]

研究表明，最能有效提升幸福感的运动项目是跑步，最好每周跑三次，每次 30 ~ 45 分钟。理想的锻炼强度是个人极限的 70%。长期坚持也非常重要，因为在大约 6 周后才会出现最显著的效果。但通常情况下，人们很快就能感受到跑步的效果。骑自行车及其他有氧运动也能达到差不多的成效。

不是每个人都能跑步。不过研究指出，即使每天步行 20 ~ 30 分钟，也能提升幸福感，帮助预防抑郁。[87] 你可以逐步增加运动强度，坚持一段时间以后，就可以尝试慢跑了。在提升幸福感方面，有氧运动是最有效的，力量训练的效果也不错。

安德斯·汉森特别强调：在没有咨询医生之前，不应随便停药。药物是有用的，它是一种非常必要的治疗手段，尤其是对出现重度抑郁和自杀倾向的人。药物与运动相结合，才能让临床抑郁症患者获得最好的长期治疗效果。

有氧运动也对轻度焦虑、压力和紧张具有神奇的疗效。一方面，它能让我们逐渐适应脉搏的加速，而不会将其与恐惧、焦虑联系起来。在慢跑时，脉搏的加速是因为跑步本身，而不是让人焦虑的种种念头。这有助于让我们的大脑在身体受到来自体育锻炼的暂时压力时，也能习惯于保持冷静。这和认知行为疗法（CBT）有些类似，能让我们学会如何更好地应对压力。

如果一定要外出运动，不妨来了解一下目前越来越受欢迎的一种新兴运动："森林浴"。乍看之下，这个华而不实的词语描述的是在自然环境中虚度光阴，但这个概念确实可以帮助我们驾驭电子屏。在日本，不堪重负的城里人几十年来一直把森林浴作为一种心理治疗手段。现在，它已传播到了世界各地，针对这种现象的研究也越来越多。

森林更容易让人放松，这并不稀奇。不过也许你和我一样，除非看到真实数据，否则不会轻易相信任何说法。一篇发表于 2019 年的系统性综述回顾了森林浴的研究现状。研究者深入分析了 28 项研究，发现其中 12 项研究为高质量的随机化干预实验。结果表明，森林浴对心血管健康、新陈代谢及免疫系统的一系列相关指标起到了显著的改善作用，同时也能有效提升心理健康水平，如增强幸福感、改善心态、减轻焦虑和抑郁程度等。[88]

在森林里步行时，人的血压也会变得正常，血压高的会下降，血压低的会升高。在都市环境中步行不会产生这样的效果，这就排除了这种结果是由步行本身导致的可能性。有人猜测，植物释放的植物杀菌素可能对这种积极效果起到了一定的作用。

不管怎样，森林中的颜色、声音、气味混合而成的感觉体验对人的生理和心理都起到了积极作用。这倒也不是什么新鲜事。城市规划者早就开始修建公园，以此提升人们的幸福感了。也有很多人喜欢在家里养绿植。感觉印象会对我们产生实实在在的影响，改善感觉印象就能改善生活质量。

跑步机带给人的体验永远不如四处走动那么丰富。如果有条件在自然环境中进行体育锻炼，将会对你大有裨益，森林是最好的选择。这种活动通常也不需要占用更多的时间。除此之外，在不平坦的地面上跑步或步行还能刺激大脑，锻炼平衡能力。

边运动，边学习

过去，有关大脑的错误认知非常多，如今人们正在逐步澄清这些误解。如何看待高级思维方式就是一种非常常见的误解。如果要想象一个人专心致志地解决难题、分析并迅速内化知识，我们的脑海里一般会出现一个静坐桌前的人物形象。一直以来，我们都认为大脑的活动和身体的静止是息息相关的，相信要想培养学龄儿童的专注力和其他能力，就应该让他们安静地坐在桌前。然而事实恰恰相反。

几千年前，人类就获得了专注、分析、计划和学习新知的能力，但这些能力总是和运动、脉搏加速息息相关。在奔跑着躲避肉食动物的追捕时，在慢慢接近猎物、伺机而动时，专注都尤为重要。在长途步行的过程中，必须牢记途经的地点，才有可能找到返回水源或住处的路，这时记忆便至关重要。在我们最需要分析新形势、设法开发利用新机遇、制订长期计划时，外部环境也是一样。

许多研究表明，身体的运动是激活这些复杂思维过程的关键。一项以美国年轻人为研究对象、持续了 25 年的大规模追踪研究表明：如果静坐得太久，你会很难保持思路清晰。该研究收集了被试的运动数据和看电视的时长，然后对被试进行了一系列测试，评估他们的专注力、记忆和思维的敏捷性。测试结果表现出显著差异，长时间静坐的个体测试结果最糟糕，尤其是自称每天至少要看三小时电视的人。[89]

原因很简单：如果身体不动弹，我们古老的大脑就会把它当作可以放慢步调的信号。但是，当我们从早到晚坐在学校里或是办公桌前时，其实并不希望自己的思维放慢步调。

幸好还有简单有效的挽救措施。对学龄儿童的研究发现，仅仅 4 分钟的体育活动就能带来显著的改变。参加测试的是 10 岁左右的学生，在运动后，他们的专注度和忽略干扰的能力得到了立竿见影的提升。青少年在慢跑 12 分钟后，阅读理解能力也会立即得到提升，这一效应持续了整整一小时。[90]

体育锻炼的好处很多，其中之一是增加前额叶皮层的血流量。前额叶皮层被激活后，我们会更容易专注长期目标，也能更好地控制冲动，不再轻易“暴走”。在开始专心完成任务之前，可以先运动和四处走动一下，这并不是在“消耗多余的能量”，也不是为了把自己累到踏实下来。相反，这样做可以激活思维的相关脑区，让我们更好地思考。脉搏加速就等于是在提醒我们大脑中的古老系统：接下来要做的事非常重要，性命攸关，为此我们必须能够深谋远虑、坚持完成计划。

这并不是说我们要先通过运动让自己精疲力竭，然后就可以去完成那些需要专注的任务了。事实上，这种做法只会让脑部的血液向肌肉转移。这种剧烈运动等于是在告诉身体，我们受到了严重的生命威胁，这时长线思维将会让位给肌肉性能。毕竟，如果无法躲避肉食动物，也就没有未来可以计划了。

定期完成持续几小时的高强度运动，比如长跑，甚至有可能损伤大脑、影响学习能力。这种观点还未完全得到证实，但研究者以小鼠为对象进行了实验，证明的确有这种可能性。研究者培养出了一种天生喜欢跑步的小鼠，它们对跑步的喜爱程度是普通小鼠的三倍。换作是人类，相当于每天要跑几十千米。正常情况下，运动会导致压力水平降低，但这些小鼠的皮质醇水平却持续升高，似乎还产生了长期应激反应。这些小鼠在学习走迷宫时也需要花费更长的时间，说明它们的学习能力可能受到了损害。而其他小鼠在跑步之后，记忆力却有增无减。[91]

因此，只要避免长时间的剧烈运动，我们就能通过有氧运动改善记忆。哪怕是身体状况不好的人，也能通过运动获得立竿见影的效果，他们的记忆测试成绩甚至比测试前没有进行运动的健康被试还要好。

长期进行定期运动的效果是最好的。有一项研究清楚地证明了这一点。在这项研究中，记忆力相当的人被分成了两组，第一组要利用健身脚踏车定期进行体育锻炼；第二组则不进行任何运动。6 周后，第一组被试的记忆测试成绩超过了第二组中曾经和他们成绩相当的被试，而且差距持续拉大。骑脚踏车导致被试的心血管功能得到了提升，记忆测试成绩也提高了；另一组被试则没有任何改善。通过磁共振扫描发现，健康状况的改善导致了被试大脑中海马的血流量明显增加。[92]

四处走动能让大脑为学习新知做好准备。对人类的祖先来说，学习是一件水到渠成的事，因为他们要造访没有去过的地方、获得全新的体验，这些都是运动。而现代人想要利用运动对大脑机能的改善来促进学习却并不总会那么顺利。

安德斯·汉森对相关研究进行了细致的回顾，发现我们的确可以利用体育锻炼来改善思维能力。20 多年前人们发现，新生脑细胞会在海马中形成，而且该过程会持续一生。这一发现和当时的主流认知相左，因此在首次公布时曾经引起轩然大波。人们还发现，体育锻炼能刺激新生脑细胞的产生。这种现象最早是在跑轮上的大鼠身上发现的，后来又在人类身上得到了证实。

但是，这些新生脑细胞在形成初期非常脆弱，大部分都会死掉。通常情况下，两个新生脑细胞中只有一个能活下来。但我们可以对此施加干预。研究者为大鼠提供了刺激丰富的生存环境，包括更大的笼子、更多通道和跑轮，还有其他大鼠可以与之互动。结果，新生脑细胞的存活数量增加了。新环境提供了更多学习机会，从而让脑细胞形成了更多联结。改变生存环境之后，新生脑细胞的存活率达到了 80%。

当然，人类不会像大鼠一样无谓地在跑轮上奔跑，身边毫无其他刺激。但其实，健身房里的跑步机周围也不一定有多少刺激，而且人们有时也会调侃自己："就像被困在跑轮里的仓鼠一样。"运动有助于产生新的脑细胞，而细胞有了意义才能存活。

在我们造访没去过的地方、与人见面、学习新知识的过程中，脑细胞之间就会建立新的联结。这让它们被赋予了有意义的功能，从而得以存活下来。

只有保持高度的注意力和专注力，创意才能诞生。如果我们只会被动地消费，那么就算去了没去过的地方、与人见了面、学习了新知识，也不一定可以真正内化这些体验。如果你的生活方式比较被动，请首先养成步行的习惯。步行能激活大脑，让我们更容易获得有意义的体验。

运动和有意义的学习应该相伴相随，贯穿人的一生。如前所述，运动能提升幸福感，改善大脑机能。只要每周步行 5 次，罹患痴呆症的风险就能降低 40%，这足以证明上述观点。[93] 如果哪一种药物治疗能达到相同的效果，这种药物的发明者一定会获得诺贝尔奖。然而步行不像药品那样有利可图，也许正是因为这个原因，这些研究成果从未得到应有的重视。

运动引发灵感

我们越是研究运动对大脑的作用，就越能证明运动是一剂灵丹妙药。正常情况下，大脑会随着时间的流逝逐年缩小。脑容量在人的 25 岁左右达到巅峰，然后便开始减少。海马是白天形成记忆的位置，这个脑区大约每年会缩小 1%。

有一项研究利用磁共振成像对120人进行了两次脑扫描，间隔一年。被试分成两组，实验组要进行中等强度的有氧运动，即每周三次、每次40分钟的快走；控制组则需要完成强度较小的拉伸运动，这种运动强度不会导致心率升高。一年以后，控制组被试的海马平均缩小了1.4%；而步行组截然不同，他们的海马平均增大了2%，这就相当于这些被试的大脑在一年里年轻了两岁！海马的增大与被试的心血管功能增强直接相关。[94]

之所以将步行作为开始改变的最佳方式，原因如下。不知道你有没有过这种体验：一边在户外散步一边与人交谈，效果更好，创意更多。多年来，边走边开会成了很多企业文化的重要组成部分。直觉告诉我们，步行能帮助人们想出更多好点子，如今这种想法也得到了科学研究的支持。只要步行就好，哪怕没有同伴也行！

斯坦福大学的研究者进行了一项大规模研究，让被试在户外步行或休息，同时完成创造力测试。其中一项测试考察了被试进行头脑风暴、想出大量点子的能力，测试结果表现出了显著差异。在点子的数量上，步行的被试比休息的被试多60%。为了排除环境对结果的影响，研究者又让被试在跑步机上步行，并让休息的被试坐在轮椅上，按照步行被试的路线移动。结果证明，步行才是造成差异的原因，与步行的场所无关。[95]

如果你感到百无聊赖、才思枯竭，那就“迈出第一步”，通过走路来摆脱困境吧。

我也尝试过有氧运动，尝试的目的也和创造性及大脑机能密切相关。就像在其他领域一样，我总是会摸索出一套适合自己的方法。

跑步会让我气喘，导致嗓子疼，所以我一开始就决定选择其他运动方式。有人向我推荐了一本 1941 年的经典著作，作者是在欧洲开设第一家瑜伽学校的印度人。

塞尔瓦拉詹天・雅苏迪安（Selvarajan Yesudian）在《瑜伽与健康》（*Yoga and Health*; Harper & Brothers, 1953）一书中介绍了正确的深呼吸练习法，这种方法是传统瑜伽的练习者必须掌握的，能够带来很多益处。雅苏迪安认为，懒惰的西方人往往不够自律，不能正确地进行练习，这才导致了各种问题。他建议这些人尝试另一种能够达到相同效果的运动方式：控制呼吸式游泳。

方法很简单，只需要掌握标准的蛙泳泳姿即可。这一点非常适合我，因为我并不擅长游泳。不过我需要先买一副泳镜。第一次划水时，用鼻子深吸一口气，然后将脑袋沉入水中，屏住呼吸；第二次划水时，用鼻子在水下呼气；划水动作结束时，抬头并吐出剩余气体，以避免呛水。然后马上从头开始，重复上述步骤。脑袋出水时划一下，入水后划两下，不用太快。就这么简单。

经过一些练习和呛水的不适后，我终于找到了节奏。我打算每次就这样游半小时。万万没想到，游完后我精疲力竭。我躺在那儿，心跳加速，大口喘气，但实际上我游得并不快。我原本概念中的游泳跟这项活动比起来，简直就是在池子里玩水。

过了一段时间，我游得越来越好了。根据指导，我把水下划水的次数增加到了三次，总时长依然不超过半小时。后来，我最多可以在水下划水四次，偶尔甚至可以达到五次。

心血管功能可以有效衡量人的氧气摄入量。我的身体在这方面得到了卓有成效的训练。过去我会气喘，导致嗓子疼，现在已经不会出现这种问题了。最近几年，我发现只要能保证通过鼻子呼吸，就算慢跑也不会让我嗓子疼了。这种呼吸方式让运动的要求变高了，随之而来的好处是不用跑得太快。

这种游泳方式为我带来了诸多益处，感觉自己像个瑜伽大师也没什么不好。从雅苏迪安的观点来看，我这种运动方式属于优化版的调息（pranayama）练习，有经验的自由泳运动员会很自然地这么做。游泳时，已经调整好的深呼吸是不会被打乱的。只要掌握了节奏，就不会产生吸气过早的风险，因为那时人还在水下。

就这样，瑜伽游泳成了我日常生活的一部分。用这种方式进行体育锻炼的同时，我也在记忆比赛中获得了个人最好成绩。

这些年来，这种锻炼方式也帮我想出了许多新点子。令我印象最深的一次经历刚好就发生在游泳结束后。当时我刚游完泳，开始长途驾驶。通常情况下，我会一边开车一边听电子书、播客或音乐。一开始，我和往常一样，边开车边听，但不久之后，我就不得不关掉了播放器。因为我的脑子里突然冒出了许多新点子，不是一个两个，而是思如泉涌，根本停不下来。我的脑袋仿佛连上了数据线，轻而易举地就把新的想法下载了进去。还好我进行过记忆方面的专业训练，成功记住了所有点子。

我在鸦雀无声的环境中开了两小时的车，同时也进行着高强度的思维练习。结束后，我如释重负，很开心自己能喘过气来。必须说明的是，那天早上我服用过药用菌，其中包括猴头菌——当然这些药都是合法的。但是对我来说，高强度的呼吸训练显然是导致事情发生的最重要的原因。这次驾驶经历让我构思出了自己前一本著作的完整结构。

在本章的最后，我希望用一项研究实例来收尾。该研究探索的课题是如何让不同脑区更好地沟通。我们也会在介绍下一条健脑秘诀时再次谈到这个话题。

伊利诺伊大学的研究团队招募了一群60多岁的被试，把他们分成两组。第一组被试每周需要完成几次40分钟步行，持续一年。第二组被试则在同样的时间里进行拉伸练习，这种拉伸不会导致心率升高。研究者利用磁共振成像分别在实验前和实验后对所有被试进行了脑扫描。

研究发现，参与运动的被试表现出了更好的大脑协同性，不同脑区之间更容易合作了。不同脑区间的沟通功能出现退化，是衰老的常见表现。坚持运动的被试的大脑机能看起来和年轻人更接近。该结果显示，大脑的衰老进程不仅被中止了，甚至还逆转了。换句话说，步行让这些60多岁的老年人拥有了更年轻的大脑。[96]

大脑积分自评

初级

□ 每天步行 20 ~ 30 分钟，每周 5 天。坚持一周后，得 1 分。

□ 工作一段时间后，起身休息。制订一个清晰的策略，提醒自己做到这一点。例如，你可以每 30 分钟设置一个闹钟，也可以在大家一起休息的时候站起来。坚持一周后，得 1 分。

□ 休息时，找个同事和你一起走几步。完成一次后，得 1 分。

□ 如果可以，尽量爬楼梯而不要坐电梯。如果平时不用爬楼梯，就给自己设置一个类似的挑战。坚持一周后，得 1 分。

□ 确保自己每周至少进行一次户外运动，可以在森林里，也可以是有大量绿植的地方。完成一次后，得 1 分。

高级

□ 每周进行三次运动，慢跑、骑自行车、游泳都可以，每次 30 ~ 45 分钟。坚持一周后，得 1 分。如果你还没完成初级条目中的步行运动，完成这一条也能同时得到前面那条的分数。

- ☐ 按照上一条的要求坚持运动 6 周后，得 1 分。
- ☐ 在运动的过程中，尝试只用鼻子呼吸。坚持一周后，得 1 分。你会发现，为了做到这一点，必须在一开始大幅放慢运动节奏。
- ☐ 每周一次，让自己运动到彻底没力气，也可以通过间歇训练来实现这一点。为了确保自己不会受伤，你可以逐渐加大运动强度。完成两次后，得 1 分。
- ☐ 每次运动时，加入一些力量训练。简单的自重训练就可以了，例如俯卧撑、仰卧起坐等。坚持一个月后，得 1 分。
- ☐ 在户外完成每周所有的运动项目，可以在森林里，也可以是有大量绿植的地方。坚持一个月后，得 1 分。

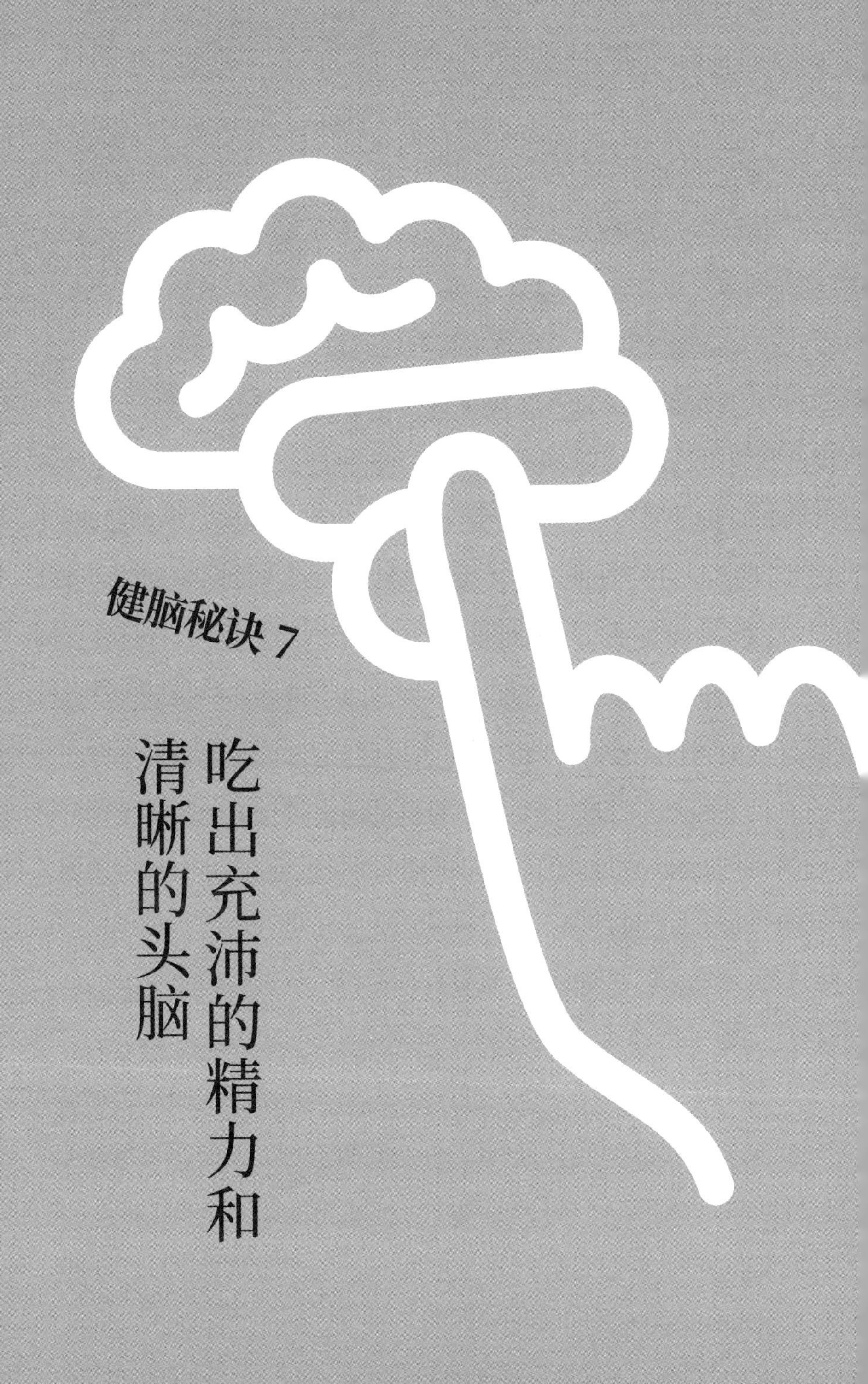

健脑秘诀 7

吃出充沛的精力和清晰的头脑

不同领域，相互促进

接下来让我们聊聊吃进肚子里的食物。这也是一个重要的领域，保证了人体的“硬件”能够正常工作。优质食物当然可以改善我们的健康状况，但如果希望自己的“软件”，也就是心理策略能达到理想的效果，吃得好也是必不可少的前提。接下来你就会看到，食物会直接影响我们的精力、专注力，乃至整体的思维能力。

要在这么多的不同领域里做出改变，乍看之下非常困难，但其实这种担心是多余的。只要我们遵守每一条健脑秘诀，一步一个脚印地躬行实践，一切自然会水到渠成。

想必你已经发现了，各种因素结合在一起，会令我们的行为陷入恶性循环。吃得不好会导致肠胃问题，从而影响睡眠质量；到了第二天，由于没有休息好，自然也就无法集中注意力，没有力气坚持运动，也无法果断地选择健康食品，于是陷入恶性循环；如果不能合理安排运动、睡眠和饮食，我们的状态会变得越来越糟糕，继而无法正确使用电子屏，人际关系也会因此受到负面影响。

现在我们要做的，就是反戈一击：启动良性循环。如果在各个重要领域都有所行动，一切就会变得很容易。在大脑积分自评中，每多得一分，也会对我们实践其他健脑秘诀产生促进作用。

刚开始关注健康问题时，人们很容易过度执着于某个单一领域，以为摆平了这个方面就能解决所有问题，往往会因此走极端。很多人会一味关注运动这个领域，也就是我们在上一条健脑秘诀中介绍的内容。长跑就是一个很好的例子。许多人一门心思地选择了这项运动，使得长跑成了一种潮流。长跑当然有好处，但它耗时太长，可能导致人们不得不牺牲掉需要妥善经营的亲密关系，而且过量的跑步也不一定能改善健康状况。

在德国开展过一项研究，以 108 名 50 岁以上的健康男性为研究对象，他们都在过去三年内至少跑过 5 次马拉松，在比赛间隔期也坚持进行高强度的训练，每周至少要跑 55 公里。有人可能会认为他们的健康水平理应是人群中的佼佼者。然而就心血管的健康情况来说，他们的动脉粥样硬化发病率和没有跑步的 50 岁男性相同。[97]

一个巴西的研究团队进行了另一项研究，以 623 位不同年龄的运动员为研究对象。无论男女，每周定期进行 6 天有氧运动的人也会普遍出现高血压和高血脂。[98]

你可能也在身边见到过类似的例子。在健身房里、在健身步道上，我们都可以看到许多人在一心一意地锻炼身体。从步数和心率等指标判断，他们的锻炼强度可能比史前人类还要高，但其中仍然有很多人超重，或是受到其他健康问题的困扰。

有些人认为只要进行了体育运动，就可以想吃就吃，同时还能维持良好的健康状况和优异的工作表现，这是一种普遍存在的错误观点。我们的身体和新陈代谢不只需要通过简单的计算题来保证卡路里的消耗量高于摄入量，还需要得到更多关注。身体不是银行账户，不可能只是存入取出。它更像一个复杂的化工厂，各种物质在工厂里相互作用，吃进去的食物会变成截然不同的产出。摄入卡路里的质量比数量重要得多。其实这和使用电子屏的道理一样。同样两小时，用电子屏来完成学校布置的作业和用电子屏浏览无穷无尽的订阅信息会产生迥然不同的结果。

本书援引进化科学的观点介绍了各个不同领域。在睡眠、运动、奖赏系统、人际关系、专注力这些领域，我们将现代人的行为模式同人类自千万年以前进化至今的普遍生存环境进行了对比，人的心理和生理早已适应了这种环境。如前所述，进化的过程极为缓慢，因此，现代人的心理和生理与 4 万年前的人类近乎一致。这种观点毫无争议地得到了科学界的普遍认可。

接下来，我们会用相同的思路来探讨食物这个话题，但这种做法可能会引发不同的反应。这恐怕是因为现代人的饮食习惯和人类进化过程中普遍认可的饮食习惯存在巨大的差异。但如果真是这样，用这种思路来指导行为的改变或许反而能让我们受益匪浅。

无论如何，我们都会继续以科学研究为基础，寻找获得幸福与成功的方法。通过这条健脑秘诀，你也许能够获得从未发现过的全新的成长机会，而且这些新观点产生的效果也会对其他健脑秘诀产生直接影响。

多年来，我一直致力于深入研究饮食习惯对大脑的影响。将进化科学应用在我的饮食习惯上，正是我得以在记忆领域大显身手、赢得国际记忆大师称号的秘诀之一。

吃出精神耐力

我在前面几章中提到过，记忆比赛需要极强的专注力。高强度的比赛通常会持续好几天，遇到重大赛事，等待的时间也会特别长。选手一大早就要进入准备状态，全天都要随时待命，新的比赛项目一开始，必须马上进入高度专注的状态。每天的最后一项比赛往往要到入夜之后才会拉开帷幕，但选手不能有半点松懈。对我来说，下午最难熬。我在下午比赛的成绩最差，这个规律一眼就能看出来。

我相信大多数人都有过一到下午就犯困的经历。对我来说，这种现象非常普遍，必须找到解决办法，才能取得更好的比赛成绩。当然，我也不是唯一一个有这种困扰的选手。许多人早已发现，中午狼吞虎咽地吃掉一大盘意面对解决这个问题并无帮助，只会让人下午更容易犯困。因此，许多人转而选择轻食沙拉，我也这样做过。吃沙拉的问题是饿得太快。比赛要持续一整天，所以吃沙拉并不能让我保持专注。很多人用零食来解决这个问题，迅速提高血糖水平。但这样一来，如何把握峰值和低谷的时机又成了新的挑战。巧克力棒、苏打水和甜食是常见的选择，必须在比赛前抓住正确的时机吃掉这些零食。

但是，我一直不太认可这种饮食方式。我们都知道，这些食品对健康有害，它们真的能让我们的思维能力发挥得更好吗？而且我希望大脑每天都能保持良好的状态，而不只是应付记忆比赛。轻食沙拉和零食相结合的方式显然并非长久之计。

这一次，我在家里进行了大量实验。我想完全戒掉甜食，看看这样做会不会对记忆比赛产生可测量的影响。当时是 10 年前，我还在喝功能性饮料。我决定把功能性饮料和其他所有糖分摄入都停掉。结果，我出现了严重的疲劳和头痛，但还是坚持完成了记忆训练。

奇怪的是，我的成绩并没有下滑。疲劳似乎让我变得更专注、更容易锁定记忆目标了。在此之前，我喝了功能性饮料后，会变得精力充沛，但我的注意漏斗也会开始四处游走，只能不停地把它拽回来。从前，我的脑袋会嗡嗡作响，有种跃跃欲试的兴奋感；但现在，我在记忆训练的过程中对抗疲劳和头痛的同时，却发现自己的成绩提升了，真是奇怪。不过这也说明我找对方向了，应该再坚持坚持。一周后，头痛消失了；两周后，疲劳也缓解了。

在此期间，我和妻子克里斯汀参加了一个有关低碳水饮食法的讲座。我俩对尝试新的饮食习惯并没有太大的兴趣，因为我们都没有超重，也没有其他健康问题。但是，当讨论到血糖这个话题时，我的兴趣来了。毕竟我非常希望提升思维能力，为了这个目标，我刚刚决定戒掉甜食。完全改变饮食习惯也许会带来更显著的效果，助我在比赛中取得更好的成绩。

幸好克里斯汀也对此饶有兴趣。她的专业是分子生物学，当时刚刚获得了医学博士学位。如今，她从事的是营养学方面的工作，那次讲座对她来说可以算是一个重要的转折点。讲座结束后，我们在回家途中路过书店，买了几本有关低碳水饮食法的书。

这种饮食法主张摄入营养丰富、容易产生饱腹感，同时又能将血糖维持在最低水平的食物，从而防止血糖大幅下降。关键是要少吃糖、面包、米饭、土豆。这并没有想象中那么困难。鱼、肉可以搭配丰盛的蔬菜沙拉；鸡蛋、牛油果佐以大量的橄榄油就可以当作主食。对我来说，最重要的是不能饿肚子，否则就会影响思维。我决定在下次记忆比赛前，花三周时间正儿八经地尝试一下，严格遵守这种饮食法的要求。

这次赛前准备彻底改变了我参加长程比赛的体验，也改变了我在比赛中所需要的高度专注力。还好，要在比赛过程中坚持这种饮食习惯很简单。酒店的早餐是鸡蛋、培根和蔬菜。吃过早饭，我就准备去比赛了。中午，我可以吃点轻食沙拉，然后继续比赛。午后犯困的现象消失了，我反而很容易就变得精力充沛，而且可以长时间维持这种状态。我不再饿肚子，血糖也不会急剧下降了，从早到晚都可以保持全神贯注。零食或甜食都用不上了。除了提升成绩、促进心流，这种饮食习惯也为我注入了一剂强心针。因为我不再需要依赖零食和食物这些外部因素，也不再需要计算血糖的峰值和低谷，就算比赛延迟了，我也不会感到焦虑了。相反，只要有需要，只要愿意，我随时都能保持专注、发挥思维能力。

这种效果实在是鼓舞人心。因此，从那时起，每到比赛的准备期，我都会严格执行三周低碳水饮食法，以此作为赛前的标准操作。我的成绩很快就提高了。这种不含糖分、只有最低程度的碳水化合物的饮食习惯让我在瑞典的各项记忆比赛中都创造了新纪录。

当然，我能记住那么多东西并不只是食物的功劳。如果用电脑来类比的话，记忆术的贡献最大，相当于电脑的软件；饮食习惯的改变则相当于硬件的升级。这样一来，软件运行起来就更高效、更稳定、更持久了。更具体地说，它提升了精神上的耐力，这是低碳水饮食法最大的好处。

大脑是一台混合动力发动机

但是，你可能会好奇：难道大脑不需要碳水也能运转吗？鉴于我创造了各项瑞典记忆比赛的纪录、赢得了记忆大师的官方称号，我想这个问题已经有答案了。

大脑需要的并不是碳水化合物，而是葡萄糖。如果摄入大量的碳水化合物，大脑在 24 小时内可以代谢掉其中的 120 克，将之作为唯一的能量来源。如果我们吃进去的碳水化合物很少，或是根本不吃，大脑依然需要代谢 20 ～ 30 克葡萄糖。肝脏自身就能制造出这么多的葡萄糖，所用的原料是蛋白质里的氨基酸。肝脏为大脑制造葡萄糖的过程称为糖异生（gluconeogenesis）。[99]

在上述情况下，大脑的能量利用过程中还会发生另一件有意思的事：它会开始利用另一种能量——酮，以及我们刚刚提到过的少量葡萄糖。酮也是由肝脏制造的化合物，它的唯一来源是脂肪酸。

于是回到刚刚那个问题：大脑是否需要碳水化合物呢？答案是不需要。在美国科学院医学研究所食品与营养委员会（FNB）发表的《能量、碳水化合物、纤维、脂肪、脂肪酸、胆固醇、蛋白质和氨基酸的摄入指南参考》（*Dietary Reference Intakes for Energy, Carbohydrate, Fiber, Fat, Fatty Acids, Cholesterol, Protein, and Amino Acids*; The National Academies Press, 2005）一文中，也得出了相同的结论。研究者认为：

> 只要摄入了足够的蛋白质与脂肪，保障生存的最低碳水化合物摄入量可以是0。[100]

美国科学记者马克斯·卢加维尔（Max Lugavere）提出了一种实用的类比：你可以将大脑想象成一辆混合动力汽车，能够使用两种燃料。一种是葡萄糖，可以将其类比为汽油。这种燃料动力更强劲，但对发动机和环境会产生严重的长期影响。另一种是酮，可以将其类比为绿色能源，即电力，它是一种更可靠的可持续能源。遗憾的是，大多数人根本不知道自己拥有一辆如此高级的混合动力汽车。他们只知道汽油这一种燃料，从来没有尝试过电力驱动。

你也许不太认同这种类比，但已经有越来越多的研究证明，对大脑来说，酮的确是一种更有效、更持久的能源。有研究者开展了一项随机化的双盲安慰剂对照实验，以 152 名阿尔茨海默病患者为被试。他们的病情从轻度到中度不等，都采用普通饮食，并持续服用治疗阿尔茨海默病的药物。在这项研究中，其中一部分被试服用了能快速提升血酮水平的补充药物。90 天后，这些患者的认知水平得到了改善，且改善程度与其血酮水平呈正相关；而控制组并未出现这种现象。[101]

另一项随机干预实验以 23 名轻度认知障碍患者为被试，其中 11 人采用了高碳水饮食，另外 12 人的碳水摄入量则受到严格限制。6 周后，对被试的认知能力进行测试，发现低碳水组的被试认知能力得到了改善。在这项研究中，被试的认知测试结果和血酮水平也具有相关性。[102]

最后一个例子是 2020 年实施的一项设计周密的实验。纽约州立大学石溪分校的利利亚娜·穆希卡－帕罗迪（Lilianne Mujica-

Parodi）领导一个研究团队，利用前沿的脑扫描技术进行了一系列实验。或许你还记得前文介绍过有关运动如何影响不同脑区间的沟通的研究。该项目也研究了这种协同沟通作用，但这一次探讨的是两种不同类型的大脑能源。

首先，研究者收集了1000人在静息状态下的脑扫描结果，建立了基线水平，并对不同脑区的交互情况进行了评估。从40岁起，这种沟通能力开始退化；到了60岁左右，退化急剧加速。这种现象与衰老及认知障碍有关。我们之前也介绍过一个研究，研究者接下来让被试选择了不同的运动。

回到石溪分校的研究。研究团队让50岁以上的被试完成了一系列实验，希望弄清楚葡萄糖和酮这两种能源会对不同脑区间的沟通产生哪些影响。一台高分辨率的磁共振成像扫描仪为研究提供了详细、动态的结果。

在实验的第一阶段，12位被试遵循传统饮食，并接受了测量。之后，他们采用了严格的低碳水饮食，同时服用确保体内能产生酮的药物，一周后再次进行测量。结果发现，以酮作为能源时，大脑更具活力，不同脑区之间的沟通也得到了显著改善。

为了确定上述实验效应的确是由酮导致的，而不是由于其他饮食因素，研究者另外招募了30名被试，他们都已经采用传统饮食至少半年了。被试在断食一晚后服用了葡萄糖溶液，然后进行测试。之后，同一批被试服用了一种酮溶液，这种溶液提供的能量总和与之前的葡萄糖溶液一样，然后再次进行测试。结果发现，酮溶液和低碳水饮食一样，也改善了被试的脑部沟通。但同一组被试在服用葡萄糖之后，不同脑区间的沟通却受到了阻滞。[103]

在《卫报》的采访中，穆希卡－帕罗迪教授对这一研究结果做出了如下解释：

> 我们认为，随着年龄的增长，大脑对葡萄糖的有效代谢能力会逐渐减弱，导致神经元因为缺乏能源而慢慢死亡，脑神经网络不再稳定。因此我们希望证明，通过低碳水饮食或服用酮补充剂向大脑提供酮这种更高效的能源，可以让大脑获得更充足的能量。即使是对年纪小一些的人来说，这些增加的能量也能进一步提升脑神经网络的稳定性。[104]

通过调整饮食习惯让酮成为大脑的新能源，我们就会进入一种被称为酮病（ketosis）的状态。糟糕的是，酮病往往容易跟酮症酸中毒（ketoacidosis）混淆，有时就连医生也会在这个问题上犯错！

酮症酸中毒常见于患有急性胰岛素缺乏症的糖尿病人，是一种足以威胁生命的症状。一旦出现了酮症酸中毒，酮体将毫无节制地被释放到血液中，导致血酸过高。幸运的是，健康人的血液中不会出现这么高的浓度，因为过量的酮会通过尿液和呼吸释放到体外。[105]

酮病也经常被误认为一种危险的饥饿状态，但我本人和一些志同道合的人士可以确定，这种想法并不正确。一小块美味的肉、一小碗爽口的沙拉，就能让人拥有持久的思维耐力和清晰的思路；人们一旦有过这种体验，就不可能再混淆这两种概念了。这种误解好比什么呢？相当于从进化的观点来看，我们需要的 8 小时睡眠，被视为一种睡眠剥夺。

不仅仅是饮食习惯

说了这么多，我是在建议你毫无保留地接纳当下最流行的饮食习惯吗？我要很明确地说：并不是。很多人都尝试过各种疯狂的节食法。扭曲的审美和不靠谱的减肥方法一拍即合，为不健康的食物癖好和饮食障碍提供了温床。激进节食往往会导致人们在停止节食后体重反弹，还会对自信心造成长久的伤害。最近有人告诉我，20 世纪 80 年代流行的节食法是让人吞下锯末胶囊来填饱肚子。

如果我们向一个生活在 150 年前的人展示各种奇奇怪怪的冲调粉末和食物替代品，他可能会惊奇地看着我们，以为我们脑袋坏掉了。当他又发现肥胖、心血管疾病、糖尿病和其他现代疾病的发病率正在飞速猛增，可能就会猜测两者间具有某种关联。

也可以用另一种思路来看待这个问题，即意识到我们早已有意无意地养成了这样或那样的饮食习惯了。我从商店里买回来的所有食物构成了我的饮食习惯；同理，你家冰箱和橱柜里的所有食物也构成了你的饮食习惯。在众多选项中，你只选择了这一小部分的食物，它们就代表了你现有的饮食习惯。或许，这种饮食习惯的背后存在某种具体的主张，比如希望以蔬菜和其他健康食材为主。果真如此就最好不过了，因为这正是本书的主旨。

选择少数健康食材也是一种策略，可以帮助我们应付各种挑战，不过人们以往并不需要这样的策略。在人类的发展历史中，食物严重匮乏的日子居多，为了生存，只能有什么吃什么，但现在这种饮食观已经不符合实际了。

我们也要谨记，并非所有的饮食策略都同样严谨靠谱。在最受欢迎的饮食习惯中，有一种是“适量摄入所有食物”，它拥有相当多的支持者。虽然这听起来是一种无害的建议，但我们会在此做一些更加深入的探讨。请注意，这条策略并没有得到充分的科学验证。

得克萨斯大学健康科学中心的一个研究团队就不同饮食习惯带来的长期影响进行了深入研究。他们惊讶地发现，针对该领域的研究相当匮乏，但已有的少量研究结果却令人担忧。该研究团队在 2015 年发表了自己的研究结果，这似乎也是迄今为止该领域规模最大的一项研究。他们对 6000 多名美国成年人进行了为期 7 年的追踪研究，这些人种族不同，生活地区也不同。研究者对他们进行了体检，并详细记录其饮食习惯。结果发现，饮食习惯越多变，体重就越容易增加，身体的代谢功能也越差。饮食习惯变化最多的那部分人，腰围要比饮食习惯变化最少的那部分人大 120%。这主要是由于饮食习惯的改变与摄入更多不健康食物存在相关关系。从长远来看，不健康的饮食习惯造成的影响将超过健康食物带来的好处。[106] 该研究团队的负责人达留什·莫扎法里安（Dariush Mozaffarian）在《福布斯》杂志上解释了研究结果：

> 在美国，饮食习惯最健康的人群其实只摄入了相对来说种类较少的健康食物。研究结果表明，在当代流行的饮食习惯中，与其“适量摄入所有食物”，不如摄入少数健康食物。[107]

也许，我们想象中那位来自 150 年前的朋友还真的有一定道理？今天我们认为“正常”的食物实际上已经相当异乎寻常了？减少碳水化合物的摄入量并不是什么新鲜的主张。近一个世纪以来，严格控制的低碳水饮食一直被作为治疗儿童癫痫症的有效手段。[108] 同时，人们也早已形成共识，认为这种饮食习惯适合糖尿病病人。这些主张背后依据的都是非常出色的研究。[109] 就在不久前，瑞典人还把糖尿病称为“sockersjuka”（糖病）。

人体内部的各种化学反应耐人寻味。身体可以从食物中吸收各种营养物质，制造所需的糖分，也可以用这种方式制造脂肪，有一部分脂肪就是这样形成的。

在美国，研究者对两种饱和血脂进行了实验研究，这两种饱和血脂都与痴呆症有关。研究者连续三周对被试的血脂水平进行了测量。一开始，被试采用低碳水、高脂肪的饮食，每天摄入的饱和脂肪达 84 毫克，相当于 11 汤匙黄油，但他们的血脂水平反而降低了。随后，被试调整了饮食习惯，减少脂肪摄入，增加碳水化合物。他们的血液成分马上出现了变化：有害血脂增多了。[110] 人体内大部分的血脂都是以吃掉的碳水化合物为原料、由肝脏制造的，这个过程叫作脂肪生成（lipogenesis），也叫脂肪酸合成（fatty acid synthesis）。[111]

将人体简单地看成银行账户，认为“吃什么补什么”，会鼓励人们在想要变得精力充沛时就摄入糖分，想要减重时就不再摄入脂肪。但这种行为往往会事与愿违。有关饮食的激烈讨论已持续多年，而且短期内恐怕不会停止。近年来，研究者陆续发表了许多关于饱和脂肪的综述和分析，对饱和脂肪危害健康的传统观念提出了质疑，很多研究都发表于《英国医学杂志》（*British Medical Journal*）这样的权威期刊。[112,113,114]

争论的焦点在于吃红肉有没有坏处。红肉是指牛肉、猪肉、羊肉以及其他哺乳动物的肉。近年来，该领域出现了许多新的研究进展，其中规模最大的一项系统性综述发表于2019年。研究人员共14人，来自7个国家，均与肉类产业无任何利益关联。他们花了三年时间进行研究汇总，涉及的被试总数超过600万。高质量的研究证据表明，红肉与死亡率、患病率的关联程度为低至非常低。[115,116]

吃肉导致的健康问题常见于群体水平的比较研究。这可能是由于吃肉最多的人群往往是通过快餐来获得肉食的。我们都知道，如果快餐在饮食中占比较大，碳水和其他不健康的成分也会含量过高。

人们当然也有其他不吃肉的理由，这是可以理解的。一个人的行为应该和自己秉持的道德原则保持一致，而不是南辕北辙。我们需要在不违背自身价值观的范围内优化自己的生活方式。

就我个人来说，我已经在乡下生活了很多年。从我家拐个弯儿就能看到大片草场，我吃的肉都来自草场上放养的牛。它们的命运与大规模肉类加工厂里的动物截然不同，在它们的一生中，倒霉的日子只有一天。如果你注重质量，就没必要通过吃太多的肉来获取那些只能从食物中得到的营养物质，比如维生素 B_{12}。

只要涉及人类生物学和心理学，不管我们决定做什么，都可以应用这种常见的科学思路：想一想几千年以前是什么情况。就像前文围绕睡眠、运动、专注力展开的讨论一样，这样做能够帮助我们思考什么才是最适合我们的大脑和新陈代谢的，让我们看清方向，大胆付诸行动。和其他领域一样，把这种方法应用在食物上也能带来最好的效果。用这种思路来思考，你会毫不犹豫地扔掉各种汤料包和锯末胶囊。我们需要自问的是：人造工业食品和精制糖是不是也应该落得同样的下场呢？

顺应自然之道

毋庸置疑，如今人类大脑和新陈代谢的作用机制依然和 4 万年前一模一样。那个时候，农业生产还未出现，人类才刚刚摸索出生存的门道。当时最普遍的生存环境成了人类进化发展的基础。这就更容易解释碳水摄入量减少导致的某些现象了。

那时没有冰箱，也没有 24 小时营业的商店，食物来之不易。人们采集植物为食，并以狩猎野生动物获得的肉食作为补充。狩猎要耗费大量时间，光是寻找并伺机接近猎物就需要好几个小时。除此以外，猎物还需要被运送到住处，进行烹饪前的各项准备工作。完成这些任务需要长时间保持聚精会神。血糖水平就算升高了也无济于事，因为随后就会陡降。人们忍饥挨饿，不知道接下来会发生什么。而今天，总有人告诫我们要按时吃饭、一天三顿，食物中包含 45% ~ 60% 的碳水。新陈代谢功能的调节对象早已今非昔比了。

而且，如今人们也不必花大量时间在草丛里聚精会神地搜寻猎物了，而是要长期和电子屏打交道，完成各种需要高度专注的工作。然而令人惊奇的是，千万年以前人类祖先用来汲取毅力和耐力的能量来源，仍然能为现代人所用。

在非洲大草原上，如果要长时间外出而不吃东西，就需要比吃饱喝足时更加思路清晰的头脑，因为这时人们一定亟须克服种种困难得到食物。如果饥饿会对此造成妨碍，那人类早就灭绝了。断食能诱导身体制造酮，让大脑获得这种高质量能源。近些年来，各种类型的断食广受欢迎，许多人声称断食最大的好处是让思路更清晰、精神耐力更持久。最新研究发现，断食能在诸多方面改善人体的健康状况。[117] 它为体内细胞提供了休息和恢复的机会，这就表示断食关系着优化，而不是生存。在人类的发展历史上，断食期其实是一种正常的生活现象，这种观点是合情合理的。

但是，如果你经常摄入糖分和其他导致血糖水平大幅波动的食物，断食就会变成一件艰难而痛苦的事。断食前后的巨大反差以及你付出的种种努力都可能变成一种风险，等到你结束断食、可以开始吃东西的时候，就会吃掉更多垃圾食品。如果你想尝试断食，建议给自己一些时间，逐渐适应低碳高质的饮食习惯。如果曾经出现过饮食障碍或是代谢失调症，那就不要断食了。

间歇性断食（intermittent fasting）是一种更温和的断食方式。近年来，选择这种生活方式的人越来越多了。它简单易行，只需要稍微延长每天晚上不吃东西的时间，增加几小时就可以了，而白天的饮食仍和往常一样。最常见的一种间歇性断食叫“168 轻断食”。白天，你可以在 8 小时里吃完所有食物，然后在接下来的 16 个小时不吃任何东西，空腹过夜。还有一种简化形式是每晚断食 12 ～ 14 小时。科学研究已经证明，定期断食对健康很有好处。[118]

如果你以前从来没有认真思考过自己的饮食习惯，或许会觉得断食听起来有些极端，也没有必要。你甚至可能感到奇怪：为什么一本讲解电子屏使用方法的书要用这么大篇幅来讨论饮食习惯呢？其实，食物的消费与电子产品的消费也存在着让人意想不到的紧密关联。我们甚至可以说，电子产品的消费在现代社会中的地位和食物一样，都是必需品；最起码，如果你希望能有活儿干、有工资拿、可以养活自己，这种说法就是成立的。

两个领域都存在相同的问题：因为过度消费而激活了大脑的奖赏系统。我们应该以科学研究结果为依据，对这两个领域做出地点和时间上的限制，并通过不断优化限制来获得幸福和成功。不管是定期断食还是间歇性断食，其实都是针对吃的时间开展的一种巧妙的限制。如果你一日三餐的时间是固定的，这就已经是一种时间限制了。也就是说，无论是偶然形成的，还是有意设计出来的，你已经养成了自己的饮食习惯，也已经在遵守这种习惯了。本书只是希望能向你提供更多的选择，让你发现以往不曾察觉的新选项。如前所述，过去顺其自然的一切，现在都需要用策略来应对了。

将本书中的健脑秘诀结合在一起，就能形成一种完整的生活方式。如果我们有意识地一步一步对生活方式做出限制，就能拥有更多机会来主导人生的前进方向。规则与界限其实都具有积极的意义，如果我们将规则和界限用在自己身上，它们就能成为创造力的基石。

生活方式就是你自身的一部分，其意义远远大于单纯的方法或饮食习惯。我希望成为什么样的人？选择什么样的生活方式？如何度过人生？精明的读者或许能通过这些自问自答弄清自己想要的是什么。回忆一下有关默认模式网络和身份认同的那一章。向自己提问，给自己一些时间来思考问题的答案，这样才能促成我们希望发生的改变，让我们过上渴望的生活。

一个个的领域就像零件一样，我们通过主动选择、测试、增删，用不同的零件组成了自己的生活方式。我们的能力和需求有时可能天差地别，有时又可能出人意料地相似；我们的优先级和目标也会随着时间的流逝而改变。这就意味着，生活方式不可能一成不变，只要活着，我们就需要不断探索、不断改变。然而，不管我们想要改变什么，最好是稳扎稳打，不要急于求成。无论打算改变饮食还是其他生活领域，在大刀阔斧改变的同时又寄望于得到持久的效果，将比登天还难。

什么是超常刺激

我们喜欢高碳水的快餐，也希望通过电子屏获得即时奖赏，这两者存在许多共同之处。它们都反映了人们真实的内在需求。对高碳水快餐的渴望源于对营养的基本需求；而希望通过电子屏获得奖赏则源于对新信息的需要和与人建立联结的渴求。它们也都很容易实现，导致大脑的奖赏系统很容易被激活。奖赏系统主要由大脑的边缘系统构成，如果你还记得手脑模型，边缘系统就在大拇指的位置。在我们开始吃东西或者拿起智能手机之前，这些系统就已经激活了。对有些人来说，这种吸引力不太强烈，也不会导致过多的问题，利用一些简单的时间和地点限制就足以应付了。如果这些人打开了一盒巧克力，他们只会拿起其中一块，当作甜点吃下去，剩下的都不碰。对于智能手机也一样，只有在的确需要进行数字化办公的时候，他们才会把手机拿出来。

但对另一些人来说，这种诱惑非常强烈，只有精细入微的时间限制和地点限制才能保证高质量的消费。我就属于第二种人。我绝对做不到只吃一块巧克力，剩下的碰都不碰。因此，我对甜食只会按需购买。

从进化的角度来说，这种思维模式其实具有最强的适应性。奖赏系统必须能够对快餐式能源产生积极的反应，因为在从前，人们吃完上顿就没有下顿了。也就是说，吃掉一整盒巧克力才是生存的最佳策略，能够帮助身体储备脂肪，渡过缺少食物的困境。我们之所以在工作中不停地拿起手机，背后的作用机制也是一样的。奖赏系统急不可耐地想要获得新信息、建立人际关系，因为如果做不到这一点，我们可能就无法识别潜在的危险和机遇。

如今，我们的高级脑区非常清楚，我们并不会遇到营养匮乏或资讯匮乏的严重风险。遗憾的是，各个脑区并不总是步调一致，无法保证我们每次都能做出最好的决定。因此，我们要利用大脑的决策系统制订长期计划，让自己在消费时拥有更多高质量的选择。只要将深思熟虑的限制应用到生活中，就一定能实现这一点。

在生物学和心理学领域，有一种已经得到充分研究的现象，叫作超常刺激（supernormal stimulus），最早是在 20 世纪 50 年代发现的。当时，研究者将人造假蛋放进鸟窝里，这些假蛋在大小和颜色上比真蛋更夸张。结果，成鸟选择了先孵化假蛋，而不是自己的蛋。后来，人们还发现有些甲虫会和棕色的啤酒瓶交配；有些蝴蝶在真蝴蝶和亮橘色折纸之间选择了后者作为交配对象。

多学科研究发现，丰胸、丰唇可以视作人类的超常刺激。同理，在跳舞或步行时，明显的扭胯动作也是一种超常刺激，因为这种动作夸大了对腰臀比的感知。利用特殊的拍摄角度也可以实现同样的效果。[119]

食物消费和信息消费中也存在超常刺激。例如，对敏感的奖赏系统来说，要接收不断更新的新闻可能会带来极大的压力。通常情况下，这些信息根本不具备实际意义，只是一种满足原始求知欲的瞬时奖赏，让新闻消费成了一种嗜好。

同理，电子游戏与社交媒体也是与信息有关的超常刺激。不时戒断新信息、电子游戏、社交媒体，能为信息的新陈代谢带来好处。我们同样可以利用间歇性戒断这种简化方式来提升对这些媒体的消费质量。

托尼·赖特（Tony Wright）是“拯救时间”（Rescue Time）这个应用程序的开发者，该应用程序可以记录用户花费在不同网站和应用上的时间。赖特发现，自己在使用电脑时，把三分之一的时间都花在了不停点击各种链接、跳转到下一篇文章上。意识到这一点后，他如梦初醒，为这种网页浏览习惯起了一个更贴切的名字：“信息毛片”（information porn），生动地形容出了自己痴迷的根源。

说到食物方面的超常刺激，我们应该好好思考一下：大量的工业食品、精制食品到底对我们有什么影响呢？它们无非就是让血糖水平飙升，继而陡降。这样一来，我们很快就又饿了，哪怕摄入的能量早已超过了真实的需求。原始脑区总是希望我们储备脂肪，多多益善。但如果吃掉的食物可以在不升高血糖的情况下提供大量能量，就能让饥饿感与真实的营养需求保持一致。因此，高脂低碳的食物可以产生更持久的饱腹感，减少食物的总摄入量。

如果你的奖赏系统非常活跃，最好完全戒掉饮食习惯中某些显而易见的超常刺激。这类人群不能像其他人那样吃甜食，否则会深受其害。我们不需要“适量摄入所有食物”，也不需要“适度使用所有程序”，更不需要“适度使用所有交友约会类应用”。不管在哪个领域，我们都应该专注于少而精的选项，在这些选项上多消费。

如何成为生物黑客

带着崭新的认识和强烈的兴趣，我继续自己的探索之路。我想要选择适合自己的生活方式，也希望同时升级自己的软件和硬件，就这样，我和一些志同道合的人建立了联系。在探索的过程中，

“生物黑客”（biohacking）一词出现的频率越来越高。弄清楚它的含义后，我发现自己过去所做的事情其实就是生物黑客。

生物黑客的核心是通过学习认识自己的生理系统，改造并记录结果，而且通常要应用新技术。我发现生物黑客简直就是无所不包，但是，你在其他场合里可能不太会接触到生物黑客的某些重要方面，例如对科研成果的强烈兴趣，对测试、记录每一点进步的热情，以及各种高精尖的专业领域；此外，把自己当作实验对象来实践、孜孜不倦地致力于改善生活，而不是得过且过，同样非常重要。我希望结合自身的条件不断探索、不断超越，成为最好的自己，而不是仅仅满足于自我感觉良好和表现得不错。这种方式当然也有缺陷，不过，只要能让生活保持一种适度的平衡，你就会获得有意思的发现。当我卸下虚伪的矜持，不放过任何提升自己的机会时，找到了一种脱胎换骨的感觉。

生物黑客运动的参与人员多样、组织松散，里面也有不少极端激进分子，喜欢通过实验开发人的新能力，例如自己动手完成基因改造，或是在皮下植入微芯片、LED 灯。必须承认，我对这些行为持怀疑态度。但不管怎样，有人努力突破极限、愿意给自己装上全新的感觉器官，总归是一件让人喜闻乐见的事。在这些例子中，我最喜欢的是在胸腔周围的皮肤下面植入一种微型装置。植入以后，人只要面朝北边，该装置就会轻微震动，这让人一夜之间拥有了一种全新的定位感官。顾名思义，这种装置就叫“北觉”（The North Sense）。

我对生物黑客的主流群体更感兴趣，他们致力于开发人类已有的生理和心理机能。这些人还有一个共同爱好：把人类的软件和硬件当作整体来考量。我终于发现有人和我一样，同时热衷于睡眠、运动、亲密关系、压力水平、营养、工作效率、学习策略等诸多重要领域了。

由于我在上述方面积累了一些专业知识，戴夫·阿斯普雷（Dave Asprey）连续三年邀请我前往洛杉矶，在全世界规模最大的生物黑客大会上发表演讲。阿斯普雷发明了防弹咖啡（Bulletproof Coffee）的经典配方，稍后我们会介绍这种饮料。他和前文中提到的克里斯·丹西是将生物黑客带入主流视野的两大功臣。

在生物黑客大会上，可考证的研究结果向来是最重要的，但我也不能对不住自己的记忆大师称号。因此，在演讲开始前，我上街买了几份当天的《洛杉矶时报》和《华尔街日报》。在酒店房间里结束紧张的准备工作后，轮到我演讲了。我走上讲台，随机选出两位观众，将报纸递给他们。这两位观众和坐在他们身边的人成了我的评审团。他们轮流念出两份报纸上的不同页码，我要在不弄混报纸的情况下，说出每篇文章的正确位置和具体内容。在场的观众瞠目结舌。此时此刻，讲台上的这个瑞典人凭借记忆对美国的政治、金融、逸闻趣事高谈阔论，掌控了全场。

生物黑客界吸引了人类生理、心理学众多相关领域的专家，但生物黑客大会并不仅限于此，它还涉及播客、在线视频、博客、书籍。由于强调测量、新技术、把自己作为实验对象，生物黑客对新想法的接纳程度非常高。这个圈子里的人不会像其他人群那样轻易地认可某种结论；新的策略出现后，很快就会有很多人开始接触这些新事物，并立刻投入大量精力来验证策略的有效性。这个圈子里还有一种风气，他们喜欢利用最科学的方法、在没有控制组的情况下进行单人研究，这是唯一一种能有效验证个人生活方式改变的实验方法。得益于新技术、日趋平价的实验检测手段、不断迭代升级的各种测试类应用，这样的实验方法能帮助我们实现长足的进步，非常鼓舞人心。

用这种方法来处理压力、睡眠、工作效率、学习、人际关系、营养、体育锻炼等包罗万象的方方面面，还会有意外的收获。大多数使用这种方法的人最终都会形成进化思维。所谓“优化”，就是以千万年来人类生理所适应的环境为基础，找到适合自己的方法。比如说，在这个圈子里，以酮作为大脑活动能源的知识早已广为人知，多年以来，这几乎已经成了一种标准操作。假设你希望提升能量水平、改善健康状况，却打算利用碳水化合物获得45% ~ 60% 的能量，并选择了人造低脂食品，这些做法一定会受到圈内人的嘲笑。只要对自己的工作效率、睡眠、血糖、血脂和其他生理指标进行测量记录，你就会发现事情并不会朝着自己预想的目标发展。

说点让你开心的吧，其实根本用不着那么费劲。事实上，成为生物黑客要比你想象中简单得多。从某种意义上来说，我们之中的许多人已经是生物黑客了。你有没有因为想要改善健康状况而计划、完成过某项运动？如果有，那你就是生物黑客！也许你还使用过计步器，或是用其他方式来测量、记录过自己的进步，那么毫无疑问，你就是生物黑客。为了改善自身的生理机能，我们都会采取某些措施，或是运用生物黑客的方法。在现代社会，这其实是一种必然。人类祖先不会做出制订锻炼计划这种复杂的事，只想着过好自己的生活，但他们本身就在持续运动。我们甚至可以认为，在超市的健康食品和超常刺激之间选择了前者的人，或是在夜里使用遮光窗帘来遮挡街灯的人，也都是生物黑客。

善用膳食补充剂

我们赶上了测量的好时候，它能在许多方面助我们一臂之力，比如用测量来探讨膳食补充剂这个相当敏感的话题。以维生素 D 为例。众所周知，它是一种至关重要的微量元素，作用于众多细胞的遗传因子。研究证明，维生素 D 对人的认知、幸福感、健康都具有重要作用。在北欧地区生活的人容易缺乏维生素 D，尤其是在冬季。研究表明，近一半的瑞典人缺少维生素 D。[120] 如果没有足够的日照，皮肤就无法制造出身体所需的维生素 D。传统的补充手段是吃鱼，但这种方法显然已经无法满足人们的需求了。研究发现，人工养殖的三文鱼所含的维生素 D 只有野生三文鱼的四分之一。[121]

我们当然不可能吃掉比过去多三倍的鱼肉，那么，在饮食中添加维生素 D 补充剂似乎成了一种自然而然的解决方案。这种生物黑客手段在现代社会里很有必要，能让我们尽可能保持健康。在今天，补充剂有没有起作用很容易验证。线上实验室服务能轻而易举地测出你体内的维生素 D 水平，接下来你可以服用几个月的补充剂，之后再测一次，就能验证自己体内维生素 D 的含量是否有所增加了。

这一原理也适用于其他重要营养元素。对大脑来说，Ω−3 脂肪酸 DHA 和 EPA 尤为重要。这些物质的主要来源是鱼类和海鲜。研究发现，过去 10 年以来，鱼类中所含的 DHA 和 EPA 减少了 50%，[122] 而许多膳食建议都是依据早已过时的数据来制订的。

最后再举一个例子。镁是一种关键的营养元素，镁摄入量不足的风险也比较普遍。现代社会的工业化食品生产方式导致食物里的营养物质减少了，这一点已经得到了公认。举例来说，精制面粉中的镁含量降低了 82%，而淘米会令镁含量降低 83%。近 60 年间，蔬菜中的镁含量降低了 24%，牛奶降低了 21%。[123]

我说这些也许有自夸之嫌，但膳食补充剂的确是一种明智的选择，而且也得到了科学研究的证明，这是你我都无法回避的事实。这个世界上当然也有不少滥竽充数的企业，我们必须分辨产品的质量和功效。但另一方面，我们也不能因噎废食，将膳食补充剂全盘否定。前文说过，饮食习惯越多变，我们就越容易缺乏重要的营养物质。在现代人的生活中，适量的膳食补充剂对成功和幸福都具有重要的作用。

我的下一个生物黑客计划是改变自己吃早餐的方式。早餐到底是不是三餐里最重要的一餐，至今仍有争议，但大多数人在通常情况下还是会定时定量地吃早餐的。如果我们可以在早餐中加入一些积极的改变，就会产生持久的效果。对我来说，防弹咖啡已经成了生活方式的一个必要组成部分。它不仅是一个畅销品牌，也是为想要获得成功和幸福的人量身定制的一种咖啡配方。

说到咖啡，最近10年的研究成果可以给我们提供一些新情报。以前，人们认为咖啡有害，而现在，越来越多的人开始将咖啡视为一种真正健康的饮品了。2017年，《英国医学杂志》发表了一篇系统性综述，分析了201篇已发表的综述。结果表明，喝咖啡的风险是有限的，主要与女性骨折相关；此外，孕期喝咖啡可能会导致新生儿体重较轻。但喝咖啡的好处更多，每天喝3～4杯的效果最好。咖啡与延长寿命，降低心血管疾病、帕金森病、2型糖尿病等代谢疾病的患病风险具有相关性，还能使患癌症的风险降低18%。[124]

想要自己动手制作防弹咖啡并得到最佳体验，首先要准备一个搅拌器。将新鲜烘焙的咖啡与一匙无盐黄油、一匙MCT油混合搅拌。MCT是中链甘油三酸酯的缩写，这是一种中链脂肪酸，来源于椰子油、母乳及其他物质。这种脂肪酸的特性是能够直接被肠道吸收，然后转运到肝脏，成为制造酮的原料，为大脑提供能量。[125]它能迅速转化为能量，起到类似于传统糖类的作用。纯MCT油的好处是无色无味，只需少量便能见效。

在咖啡里加入黄油和油脂可能有些怪异，但只要搅拌充分，它就会成为一杯类似奶油拿铁的饮料。我一直把它当作早餐，至今已有 7 年了。每天早上，我仍然会对第一口咖啡充满期待。

如果将防弹咖啡与健康、营养的低碳水饮食习惯相结合，就能加强夜间断食的效果，同时还不会产生饥饿感。这是一种高明的生物黑客手段。喝下防弹咖啡后，脂肪的自然代谢还在继续，但消耗的是外部的脂肪酸，而不是人体自身的储备。黄油里的脂肪酸链更长，在体内加工的速度更慢，因此将咖啡因与黄油相结合，作用也会更持久。对许多人来说，这种混合效果能让我们的头脑一整天都精力充沛、思路清晰。

也许初次听到这些内容时，你会认为过于极端、无法接受。幸好我们不需要把事情搞得那么复杂。平衡是生活中的头等大事，只有在了解了不同的健脑秘诀后，你才能清楚它们的实践效果。但我还是希望提供一些方法上的建议，帮助你深入探索上述各领域。你依然可以展开新的探索，得到新的发现，并利用新知获得更多选择。

无论是否有过深思熟虑，我们都有自己的生活方式。只要朝着积极的方向跨出几步，就能获得丰硕的收获，但一步一个脚印才是最聪明的做法，能让效果更持久。我们要一步一步地来，让自己暂停下来、深入思考，确定当下最适合自己的是什么。

大脑积分自评

初级

- □ 思考一下，你的生活中是否存在可能是超常刺激的食物。其衡量指标是：消费这些食物是否给生活带来了显而易见的问题。选择其中一种食物，而不是一个大类，制订计划，找到更好的替代品。尝试通过自己设置的限制，将这种超常刺激从生活中淘汰出局。坚持一个月后，得 1 分；或者如果你在食品方面不存在超常刺激的问题，可以直接得 1 分。

- □ 在日常生活中彻底戒绝含糖饮料。调味苏打水或许是一种不错的替代品。果汁也要戒掉，可以改为多吃水果，从而减少糖分、增加纤维的摄入。坚持一个月后，得 1 分。

- □ 每天坚持服用维生素 D 补充剂，最起码要在 10 月到次年 5 月期间服用。一个月后，得 1 分。

- □ 审视自己的早餐习惯。在可以长期坚持的情况下朝着更健康的方式进行小幅调整。坚持一周后，得 1 分。

- □ 审视自己摄入杂粮的情况。尝试从饮食中剔除白面包和意大利面。制订计划，找到好吃的替代品。坚持一个月后，得 1 分。

高级

- □ 睡前三小时不要吃东西。坚持一周后，得 1 分。
- □ 每晚服用镁补充剂，坚持一个月。请购买优质的补充剂，因为据说便宜的补充剂不利于人体吸收。
- □ 如果无法保证每周吃三次鱼或海鲜，请按推荐的剂量服用 Ω-3 补充剂。注意购买 DHA 和 EPA 含量较高的优质补充剂。坚持一个月后，得 1 分。
- □ 按照我提供的配方制作防弹咖啡。如果你不喝咖啡，也可以用茶代替。
- □ 如果你身体健康，可以试着进行一周的间歇性断食。个人推荐 168 轻断食，但你也可以选择更简单的方式，只要保证在 12 ~ 14 小时内不吃任何东西就行。坚持一周后，得 1 分。
- □ 如果你身体健康，可以让自己的饮食习惯更健康，减少碳水的摄入，让酮成为大脑的能源。坚持一个月后，得 1 分。

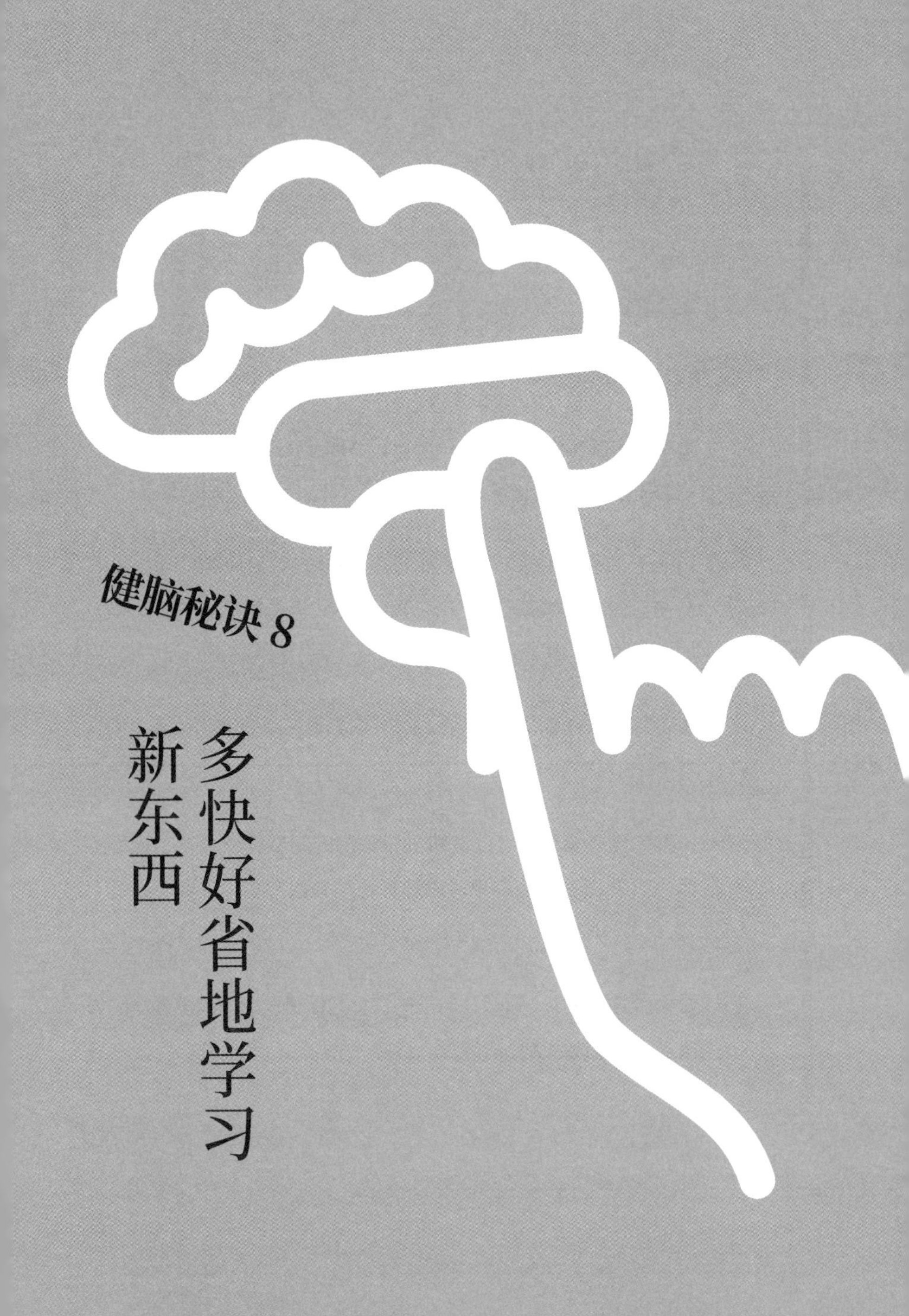

健脑秘诀 8

多快好省地学习新东西

克服“健忘综合征”

生活在数字时代，我们每天都要接收海量的信息，生活节奏自然会变得风驰电掣。这样一来，我们就需要不停地学习、再学习。在瞬息万变的就业市场，我们要做好接受再教育、获得新技能的准备，可能一生中还要不断学习。即便长期从事某一项工作，工作任务很可能也会改变。对先于我们出生的那几代人来说，学会一项专业技能，然后年复一年地从事相同的工作，一辈子就这样过去了，也是合情合理的。但现在，有些工作任务可能不到一个月就会发生改变。

这自然给我们带来了巨大的压力和不安全感，但学着应对这些压力和不安全感，也会让我们受益匪浅。一方面，我们需要在变幻莫测的就业市场中展现能力、发挥作用；另一方面，终生学习对我们的幸福和健康也具有重要的意义。在运动那一章我们了解到，四处走动能促进更多脑细胞的产生，但要想让它们存活下来，就必须使用它们，让它们和其他脑细胞建立联结。学习和寻求意义就是实现这一点的方式。

想一想现代社会对我们的要求。要想快速掌握一个新的知识领域，显然需要学习策略。我在学校里学会的唯一一条策略，基本上就是反复阅读同样的内容，直至倒背如流。遗憾的是，这种方法效果欠佳。一方面，在不理解的情况下重复阅读很容易丧失学习的乐趣；另一方面，如果无法理解知识，就会让学习者自觉愚钝。

还好，这种困局是可以破解的，改为使用有效策略所带来的结果完全可以被测量出来，而且往往出人意料。就像我，从一个普普通通的28岁青年变成了记忆大师。成为记忆大师的要求之一是，要在两分钟内记住一副打乱的扑克牌的顺序。之前已经说过，我能在79秒内成功做到这一点。

话虽如此，但如今我们需要的并不是单纯的记忆力。当然，记忆对学习任何新事物都具有重要作用，但归根结底，还有比记忆更重要的东西。在平时的学习过程中，我们要对所学的新知识形成深入理解并进行分析，这些才是更重要的。接下来，我们就要探讨如何应对这种挑战。

对教育的兴趣让我选择了这条路，这种兴趣至今依然是我的主要动力来源。我放弃参加记忆比赛，转而深入研究日常学习这个课题，已经将近 8 年了。8 年来，我写了 4 本有关学习的书。其中一本专门介绍了如何运用新的学习策略来理解数学；[126] 另一本书介绍了如何快速学会学校里的其他科目；[127] 最近完成的一本书则深入探讨了孩子的学习方式和父母的教养方法。[128]

简而言之，只要大脑理解了，我们自然就能记住。弄懂了的知识点往往很容易回忆出来。因此，我会在此直击学习的核心，探讨如何帮助大脑形成新的理解。只要做到了这一点，你的记忆自然就会变得更好，让你从中受益。

你有没有过这种体验：想要学会的东西无论如何也记不住，听讲座也好，读书也罢，好像总是左耳朵进右耳朵出。几小时后，就仿佛什么也没发生过一样，学到的东西全都还回去了，一点也不剩。这真是让人苦不堪言。你的确听到了别人说话，也念出了书上的文字，但不知怎的，这些知识就是无法钻进你的脑袋里。

对我来说，中学的历史课一直属于这种情况。无论我多么努力，那些文字永远是一只耳朵进、一只耳朵出，实在令我无法理解。明明我在其他科目上的成绩都还不错。到最后，我发现自己在历史这门课上花了太多时间，却没有任何进步，只得放弃这个学科，把时间留给其他科目。当时我怎么也想不通这是为什么，不过现在我明白了。

接下来，我就要给你“打一针”，让你对这种症状产生免疫。该现象的出现是有原因的，要想解决也很简单。

我们知道，学习就是大脑内部的不同脑细胞产生联结。纯粹的知识也一样，当脑细胞间形成联结，我们就理解了新知识。因此我们要做的，就是建立各种以前不曾有过的联结。

我可以举个简单的例子，就在此时此刻，教给你一些新东西。有一种你可能没有听说过的运动，叫作象棋拳击，选手需要交替进行国际象棋比赛和拳击比赛。想要赢得比赛，要么将死对方的王，要么用拳头将对方打倒。

以前完全独立的两种事物，现在在你的大脑中建立了联结。假如这种联结足够强，假如它还会被重复激活、达到足够多的次数，就可能保持一辈子。

在克服健忘综合征之前，我们还需要了解学习的另一个特点，即让新事物与已知事物建立联结。象棋拳击并不是那种会改变人生的新知识，国际象棋和拳击这两个领域你都已经很熟悉了，现在要做的，只不过是用一种新的方式把它们联系在一起。然而，如果想要弄懂陌生的领域，我们就一定要把新信息和已有知识关联起来，这些已有知识就是我们的经验。

简而言之，如果不能把新信息和已有知识关联起来，就会出现健忘综合征。不管你要学习什么，它对你来说太陌生了，你所建立的联结不够牢靠，因此几小时后就会忘得一干二净。

我有一种训练学生的方法，叫作“终止练习”（stop exercise）。在阅读或听讲的过程中，如果发现自己无法理解，就要立刻停下来。之前已经说过，不停地重复阅读同一篇无法理解的材料只会让人丧失兴趣，并开始怀疑自己是不是傻子。在学习运动技能，例如演奏乐器时，不断地重复练习是必要的。但对于知识的理解，这是最糟糕的方法。

我们要做的是“打一针疫苗”：去网上搜索有关这个主题的概要。换句话说，如果你要学习的是完全陌生的事物，就一定要先读一读相关领域的概要，或是看一些介绍视频。这样能帮助你了解这个知识领域的主要内容、关键术语和总体目标，让大脑为接下来的学习过程建立一个知识框架。在开始学习具体内容后，你就可以往这个框架里填充内容了。那些崭新的、具体的知识点会和你已经形成的基本理解联结起来，便不会再被忘记了。实际上，学习一直都是通过前后知识的联结和事物之间的相互关联来实现的。

历史这个科目就是我的阿喀琉斯之踵。我没能搭建出一个基本的框架，事件、人物、重要的年份……它们铺天盖地涌向我，却构不成一幅完整的宏观图景。这就是为什么我想要记住的知识总会被飞快地忘干净。不过最近这几年，我找到了一套有效的策略来解决这个问题。

读完几篇概要后，你就能很快将新知识与其他学科联系起来。这就代表你已经开始理解这些知识了，并逐渐掌握了分析能力。概要能为更深入的理解铺平道路。但我们经常反其道而行之，一上来就想啃下卷帙浩繁的大部头教材，一次读一页，这种做法充其量能让我们复述出读过的文字，实际上只是一种机械的死记硬背。

因此，不管是学龄儿童还是成年人，我要说的第一件事就是学会利用概要，它能带来无限可能。有一种职业对这一点深有体会，那就是记者。他们常常要把自己变成某个领域的专家，掌握该领域的精深知识，最终达到足以长篇大论的程度。

概要的另一个好处是可以避免你在学习之初就掉队。这有助于建立自信心，让你对这个学科产生浓厚的兴趣，享受到学习的乐趣。

指导高校学生时，我一定会要求他们至少用半小时来阅读概要，以此作为学习新课程的准备工作。这样一来，他们在上第一节课时就能跟上老师的进度，从而顺利地展开后续的学习。

如果在毫无准备的状态下就开始听课，很可能会出师不利。学识渊博的老师往往会口若悬河、旁征博引，导致你无法有效地建立知识框架。于是，你只能回到家里多花几个小时来从头钻研，自尊心也备受打击，而这一切本是可以避免的。

学习的顺序应当是从全局到细节，千万不要本末倒置。这样一来，知识就能和总体框架产生联系，形成更多相关联结。

过去有种说法，认为有些人适合从细节入手，而另一些人则适合从全局入手，两种方法都有各自的价值。其实这种观点是错误的。以历史这个学科为例，惊心动魄的故事的确能给人带来启发，甚至还能进一步激发学习者的兴趣。这当然很棒。但是，想要深入理解知识，就要尽快从全局入手开始学习。否则你就只知道一个孤立的事件，却不清楚前因后果。

因此，在学习的初期，应该把重点放在概要上。数字化的现代社会为概要的学习提供了海量机会。对于任何知识体系，我们都能轻而易举地找到大量知识概要和解析，并且，这些信息还会以易于理解的方式来呈现，例如视频或播客。现在正是开始学习的最佳时机。

让大脑学会新知识的最佳方法

接下来，我们来说说如何尽快记住新知识。只有记住了知识，才能加以应用，如果永远左耳朵进、右耳朵出，我们就不可能进步。

有没有一种简单有效的让大脑学会新知识的最佳方法呢？有没有一种方法对所有人、所有学科都通用？

当然有！首先，我要澄清一种长期存在的误解，即认为每个人都拥有最适合自己的“学习风格”。2009 年发表的一篇大规模研究综述明确指出，存在不同学习风格的主张并没有科学依据，[129]而这只是众多同类文章中的一篇。近期开展的一项实验研究也证明了这一点。2018 年，一项研究招募了 400 多名学生。这些学生要先评估自己的“学习风格”。基于评估结果，研究者向他们提供了学习方法指导。根据指导进行学习后，被试的成绩并没有表现出显著的差异。[130]

如果认同学习风格这一概念，可能会对学习造成负面影响。比如说，这可能会导致学生始终坚持无效的学习方法。如果有个总是戴着耳机的孩子遇到了学习困难，人们可能就会认为这个孩子必定是“听觉型学习者”。这时，人们为这个孩子量身定制的建议就并不是要帮助他克服挑战，而是要适应他现有的习惯，这可能反而会加重他的学习困难。

还好，学习风格的概念已经不流行了。虽然每个人的观点、品位、个性、优势和缺点都不尽相同，但其实我们之间的共同点比想象中更多。在每个人的头盖骨下，都有一个神奇的器官，也拥有一系列同样的特性。显然，有些学习策略更胜一筹。这并不代表所有人都可以熟练地运用这些策略。不过，只要在正确的引导下稍加练习，效果就会立竿见影。

那么，什么是最好的学习方法呢？首先，总的来说，经验能帮助我们获得最好的学习效果。当我们遇到从未见过的新鲜事时，大脑会形成大量的新联结。想法、观点、视觉印象和其他感官体验会以新颖的方式建立多方面的联结。这就是最原始的学习，千万年前，我们的祖先也是这样进行学习的。那时候，人们四处迁徙，探索新世界、发现新机遇，在这个过程中，新知识得以被联结和加工。

现代人也会使用这种方法来学习。回想一个你在户外听耳机的情形，也许听的是播客、有声书，或音乐。很久之后，当同样的想法或音乐片段出现在其他场合时，你可能还能准确地回忆出上次听到这些内容时自己身在何处。当时，你可能正堵在路上，或是刚刚路过平时总会经过的某块石头。不管你在哪里，都和当时听到的内容关系不大，但二者仍然在大脑中建立了联结。

我们可以利用这种现象来帮助自己快速学习新知识。这种方法非常简单，名叫位置法。

如果你总是坐在同一张书桌前读报告或写作业，会浪费大脑的能量。你应该坐在那个位置读完第一段，然后将东西挪到屋子里的其他地方，站在那里阅读第二段，之后再去另一个房间，比如躺在客厅的沙发上阅读第三段。

具体位置并不重要，只要保持变化就可以了。可以站在厨房的窗户下，也可以坐在马桶上。如果外边天气不错，你可以站在家门口，也可以坐在公园的长椅上。不管是在背单词还是在准备报告，都可以使用这种方式。

假设你已经用这种方式读完了 20 个不同的段落。现在，在没有外界帮助的情况下，你就能回忆出每段的重点，就是这么神奇。只要小试牛刀，就会发现这种方法的确有效。你立马会变得自信满满。相信自己的大脑是非常重要的。如果你想更进一步，可以尝试向他人复述自己读过的内容，这时你又会得到新的收获。你会发现自己听起来就像是这个领域的专家，成竹在胸地介绍着一个又一个知识点，没有任何遗漏。最重要的是，你根本不需要使用复杂的记忆术，反而可以在学习的过程中劳逸结合、四处走动。

这种方法可以为思维指明方向，找到知识被存储的位置。你没有将读到的内容合并成单一、混沌的信息堆砌，而是把它们切割成了一系列不同的经验，从而激活大脑中的特定联结，找到你需要的那部分内容。打个比方，你要做的就是和在电脑上一样，在大脑中创建一个个独立的文件夹，从而方便查找文件。如果只是满怀期待地重复阅读相同的内容，就相当于把文件胡乱扔进硬盘里，既不给文件命名，也不进行分类保存。这些文件始终都在，但你在想用的时候偏偏找不到。

我们会渐渐发现，聪明的策略根本不需要“记忆”信息。逐字逐句地复述太浪费时间了，并且效果不佳。我们真正要做的是为大脑指明方向。只要找到相关的联结，再次激活它们，就可以理解并熟练掌握学习的内容，并以此作为进一步学习的基础。但在成功做到这一步之前，我们还得仔细说点别的。

内部经验与深层学习

人类祖先或许会四处迁徙，但现代人无法做到这一点，所以我们不能完全依赖于外部经验，哪怕是从视频网站上获取的外部经验也同样非常有限。

如今，我们要掌握的信息日趋复杂和抽象，而学习大多发生在固定的地点，也就是一成不变的四壁之内。但我们还是可以学得更好。想要获得深度理解，就要依靠内部经验。我们可以利用一种巧妙的策略来激活它，这种策略就是想象，更准确地说，是对事物进行“形象化”。

在继续说下去之前，我得先简单声明一点：每个人都拥有想象的能力。我们几乎随时都在想象，所有人都是如此，只不过极少有人注意到这一点。我们甚至可能从未发现自己制造了那么多的内部表象。不过还好，这些心理表象自始至终都存在。

人们无法单纯用文字进行思考。哈佛大学的研究者利用磁共振成像对被试进行脑扫描，得出了这个结论。即便被试竭尽全力，希望只通过内部语言来造句，其他的什么也不做，但负责视觉思维的脑区依然会被不断激活。该研究团队推测，这是由于视觉思维对人类来说至关重要，早在我们学会说话之前，它就已经出现了。[131] 这种猜想也适用于小孩，在他们学会单词之前，显然就已经能够思考了。

在另一项实验中，研究者使用了先进的设备来测量眼动。研究者向被试描述了一个场景，并让他们复述这个场景。复述时，被试的眼睛会注视自己所谈论的对象，而不是房间里的东西，这证明内部表象的确存在。有意思的是，在那些坚持认为自己不会用心理表象进行思考的人身上，也同样出现了这种结果。[132]

研究还发现，就算是先天性失明的人也会用心理表象进行思考，虽然他们的表象和能够利用视觉获得参照物的人不太一样。[133]

现在我们来做个小实验，看看形象化是怎样起作用的。将双手举到面前，仿佛双手之间有一把铲子。让这把铲子出现在眼前，注视它一小会儿。困难吗？对许多人来说的确有点困难。我们面前当然不会出现真正的铲子，但大多数人的视野之中会闪现出铲子的某些细节，只不过很快就消失不见了，甚至让人无法确定是不是真的看到了什么。但是，我们的脑海中的确曾经短暂出现了一些画面，或许是把手的一部分，或许是铲柄，或许是铲身，无论是什么，总之非常模糊。

多年以来，我一直在训练自己的形象化技能，但这个实验对我来说也是一样。我甚至可以断言，自己什么都想象不出来。但神奇的是，即便如此，想象也是有用的。在那个瞬间，你甚至不确定自己有没有看到什么，但对于大脑来说，它已经拥有了足够的时间，得以形成一种独一无二的经验。之所以这么说，是因为这种经验和数以万计的其他客体形成的经验都截然不同。

形象化永远不可能像肉眼看东西那样清楚。有的人声称自己从未看到过内部表象，也有人声称自己只用心理表象进行思考，这两种说法很可能描述的是同一种体验。归根结底，这都是一种主观期望，无法在个体之间进行合理的比较。想象出来的图像总是非常模糊的，如果接受了这一点，我们就能继续利用这些内部经验，发挥它的强大作用。

虽然未曾察觉，但我们都是利用表象进行思考的，只不过大多数人还不习惯刻意使用这种能力。还好，练习可以提升这种能力。要达到最佳的形象化效果，需要满足三条标准。结合这三条标准，我们也可以更好地控制内部经验。

现在，请想象房间里有一个苹果，摆在你面前。如果这有些困难，就假装自己在想象好了，反正我们现在要做的也正是这件事。现在，将苹果放大到沙滩排球那么大，注视它一小会儿。这就是形象化练习，能够提升你的形象化能力，让你有意识地创造出内部表象。第一条标准就是想象出大尺寸的表象。

我们可以将沙滩排球的大小当作练习的默认尺寸，这样一来，大脑就能逐步学会想象出同等大小的物体了。取得一些进展后，你的视觉思维会变得越来越自动化，需要付出的努力也就越来越少了。如果要想象的是更大的物体，例如飞机，你就要在脑海中把它缩小到合适的大小。

接下来，就不要再以平面照片的形式来进行想象了。下一个标准是想象出三维图像。想象出苹果的厚度，让它占据房间里的某个空间。为了帮自己开个好头，你可以伸出双手，比画出这个苹果的轮廓。试着在脑海里把苹果转来转去，让你可以俯视它。

第三条标准是，不要只想象物体的轮廓，而要想象其真实材质。在我们这个例子中，就是要想象出真正的“苹果的质地”。

同时应用这三条标准，就能逐步提升形象化能力，让我们可以根据指令生成内部表象。过去，形象化往往被视为一种相当抽象和不着边际的活动。而现在，你要对形象化进行具体操作，并准确知道如何“假装”用表象进行思考。上述三条标准可以确保你产生独特的经验，轻而易举地将其同数以万计乃至数以百万计的其他内部经验区分开来。

我们来看看如何对这种方法进行实践应用。假设我想学习统计学，并正好读到了多家公司的股价报告。其中一家公司的股价图一直保持增长的趋势，但最后出现了陡降。你能想象出这样一张曲线图吗?

我会将这条曲线朝自己的方向拉，让它成为三维图像，然后想象它是由某种特殊材料构成的，比如擀好的面团。面团稍微向上倾斜，尾端突然掉头向下。我一边阅读这家公司的简报，一边想象出了这种形状的面团，并将面团放大到沙滩排球那么大。

第二家公司的曲线图呈现出平稳的小幅波动。我把它拉过来，让它成为三维图像，想象它是由紫色塑料制成的。第三家公司的曲线图是瘦长型的，胶合板材质，它的形状反映出公司股价一直在上涨。

假设我以这样的方式快速研究了20家不同的公司，随后，我就可以简明扼要地说出每家公司的历史股价了，绝对不会混淆。眨眼之间，我说起话来就像是一位真正的股市分析师了，可以用自己的语言对近期的行情走势侃侃而谈。其实我只是用上述三条标准生成了20种不同的内部经验，便于大脑进行区分。同时，我还可以把这些表象当作“文件夹”，从而轻而易举地回忆出每家公司的相关信息。这些全都是纯粹的理解，绝对没有死记硬背的成分。

我也让学生利用这种原理来学习书写外语。把纸上那些极易混淆的弯弯曲曲的符号变成大号三维物体，大脑就更容易区分它们了，学生也能在更短的时间里学会更多外语字母。

日常形象化

为了提高生成内部经验的能力，你可以在日常情境中练习，最好是从小事做起。将读到的内容想象成电影场景是一个好办法。一开始，可以把看新闻当作练习的好机会。最好是指定一家网站或一份报纸，这样就可以提醒自己在阅读这家媒体时有意识地进行内部表象的形象化。

假设你读到了一篇银行抢劫案的报道。一边读一边想象自己目睹了报道中描述的事件经过。尽量紧跟事件的发展，同时进行想象。劫匪已经在银行里待了一段时间了。突然，银行大门被猛地打开，一个劫匪单枪匹马地冲上了街道。他紧张地四下张望，试图表现得很镇定。劫匪把赃款放在背包里，他的头上戴了一顶蓝色的棒球帽，身着宽松的绿色夹克衫和棕色的牛仔裤，裤脚很宽，几乎遮住了他的黄色运动鞋。记得提醒自己将漏斗锁定在这个画面上。劫匪在人行横道上横冲直撞，匆忙中，他和一个跑步路过的人撞了个满怀。紧接着，两个警察拿着武器，从另一个方向走进了画面中。

几个路人指了指劫匪消失的方向，警察朝他追了过去。

这听起来像是动作电影里的场景，但我们想象出来的画面并不是这样的。同时想象出包含各种细节的复杂表象是很困难的。我们的心理漏斗非常窄小，无法做到这一点。我们也无法像电影里的长镜头、慢动作一样，精确地想象出整个事件经过。

形象化的产物是无序闪现的一系列细节。这儿出现一件大衣，那儿出现一块路边的石头，可能还会出现人体的一部分，摆着简单的姿势。这些内部表象更像是一大堆看不清的杂物。

这就像是戴着放大镜四处转悠。看到的一切都模糊不清，但如果偶然靠近，某个物体就会变得尤为清晰。真实的形象化就近似于这种情况。而最厉害的是，你的大脑仍然可以将各种表象的碎片拼凑成一个整体。

我们来做个小测试。你还记得劫匪的裤子是什么颜色吗？他的帽子又是什么颜色的？运动鞋呢？最后，他的夹克衫是什么颜色？

你刚刚在做的就是“回放”。如果你仔细阅读了刚才那一段，我猜你至少能答对一种颜色，甚至可以说出好几种，而且回答得很快，对不对？关于劫匪衣着的描述，你可能只读了一遍。并且我还要指出，你阅读的顺序和我刚才提问的顺序并不一致。也就是说，你所做的并不是通过机械地重复词句来帮助自己回忆出正确信息。

你是“看到”的。就在刚才，你对一桩平平无奇的银行抢劫案形成了自己的理解。那些内部表象就是理解。你“看懂”我的意思了吗？看到了，就是理解了。

有意识地利用内部表象，能够帮助我们获得新的理解。我们可以像电脑黑客那样侵入大脑，制造出学习所需要的内部经验。在我的著作《解密数学》（*Maths Unwrapped*; John Murray Press, 2020）中介绍了许多类似的例子。这本书是由我和佩尔·松丁（Per Sundin）合作完成的，专门写给那些无法通过学校教的方法学好数学的人。我们的方法是创造一个充满趣味表象的内部世界，读者可以通过这种方法学会各种知识点，从简单的算术规则到复杂的中学数学，包括图表、函数、二阶方程等。在写作的过程中，我们也会注意填补读者在知识上可能存在的漏洞。最重要的是，我们将所有的表象以一种巧妙的方式联结在一起，让读者能够在需要的时候将其提取出来。这样一来，读者就可以依赖自己的大脑和自己获得的新能力，这反过来又会提升自信心。

例如，在高阶部分，我们让读者想象一头睡在地上的奶牛。随便你怎么想都可以，有多大，睡在哪个房间，怎么来都行。想象它的头朝右，四蹄伸向左边。书里的下一项练习是想象有人把奶牛的头抬了起来。奶牛身体僵直，慢慢地，头抬起来了，然后身体也跟着起来了，直到只剩下最后一只蹄子挨着地面。

完成这个形象化指导练习需要大概 15 分钟。你要想象出奶牛的身体越来越高的情形。每个人都可以按照这种描述去练习，从而理解这到底是怎么一回事。如果乐意，你还可以不费吹灰之力地向他人描述整个场景。让人万万没想到的是，做过这种想象练习的人，突然就能对任意角度的正弦值和余弦值进行估算了。一开始，许多人会不假思索地反对："我不行，我数学不好。"但随后，只要再仔细想想，他们就会发现："哈！当奶牛到达这个高度的时候，是这样被抬着的，也就是说余弦值一定是……"诸如此类。突然之间，一个过去那么害怕数学的人做出了自信而准确的判断。整个过程中不存在任何对数字的机械重复，全都是纯粹的理解。

深层阅读与理解

要继续探索这些独到的策略，我们还需要一个更宏观的视角。想要对某一学科形成深入的理解，就要利用内部经验。我们只能通过思维将各种知识片段拼凑成型，并将过去的经验和新信息融合在一起。想要获得领悟并最终形成理解，就需要联结，而这些联结都来源于我们的内部经验。

深层阅读是完善内部经验的最佳方法。你有没有过沉浸在阅读中，感觉时间与空间都完全消失了的经历呢？也许你沉迷于一段故事情节中，根本停不下来。书里的人物活灵活现、有血有肉，他们的一举一动都深深吸引着你。这种体验就是深层阅读。

着迷于文学作品和专注观赏一部扣人心弦的电影截然不同。阅读是一种主动行为。一方面，我们需要阅读文字；然而更重要的是，我们必须在脑海中模拟各种情景和想法。这种模拟与个人经验密切相关，内部经验不可能脱离我们已有的知识。也有人把深层阅读描述成通过他人的文字看到自己的内心。

科学家研究了小说读者的大脑。他们发现，读者激活的脑区和小说中做出行动的人会被激活的脑区一致。研究者认为，这绝不是一种被动的激活。或许，“读者成了书”这种说法也有道理。[134]

> 他们好像并不是“我的”读者，而是他们自己的读者，我写的书只不过是某种放大镜一样的工具……通过书，他们读到了自己的内心。
>
> ——马塞尔·普鲁斯特（Marcel Proust），
>
> 引自《为何阅读》（*Why Read?*; Bloomsbury, 2004）

玛丽安娜·沃尔夫（Maryanne Wolf）在她的著作《回归吧，读者》（*Reader, Come Home – The Reading Brain in a Digital World*; HarperCollins Publishers, 2018）中引用了这句话。沃尔夫是认知神经科学领域的知名研究者，专攻阅读脑和诵读困难症，对阅读的发展历史和现状进行了深入研究。想必你也知道，阅读并不是人类与生俱来的能力，所有人都要从零开始学习如何阅读。而且阅读并不像言语那样，拥有专属的脑区。

沃尔夫认为，在当代社会，只谈阅读还不够，我们还应当在词汇表中加入“深层阅读”（deep reading）这一概念，用来描述这种特殊的能力。越来越多的迹象表明，人们阅读数字媒体的方式与传统阅读是截然不同的。阅读数字媒体的主要方式是略读，这一点得到了许多研究者的认同。如果使用眼动仪进行测量，就会发现在阅读数字媒体时，人们的眼动轨迹往往呈现为 Z 形或 F 形。我们会从屏幕左端开始浏览，找出一些重点词句来把握文章主旨，然后就略过这一段，继续往下读。[135]

重点在于，略读和深层阅读理解是否存在本质上的不同。在现有的比较实体书和数字媒体阅读的系统性综述中，结果相当矛盾。2018 年，有研究者发表了一篇重要的元分析研究，分析了 54 项已有研究，涉及的被试总数超过 17 万。该研究发现了三条明显的趋势。第一，在阅读总时长有限的情况下，阅读实体书的优势更加显著。第二，如果阅读内容为信息或是信息和故事的混合体，那么纸质媒介的整体效果最佳；但如果阅读内容是纯粹的叙事，这种优势就不存在了。第三条趋势与该综述中讨论的不同文章的发表年份有关。有人认为“数字时代原住民”可能会更擅长通过电子屏来阅读，因为他们拥有丰富的经验和实践机会，结果却并非如此，实体书的阅读优势仍在随着时间的推移持续扩大。[136]

这篇综述成了“斯塔旺厄宣言”（Stavanger Declaration）的依据。接近 200 位阅读与文学领域的研究者及欧洲科学技术合作计划（COST）发表联合声明，强调了不同媒介会对阅读产生不同的影响。[137]

想要驾驭电子屏，我们必须认识到不同媒介有着各自的优势和弊端，这样才能为正确的任务选择合适的工具，让自己拥有更多选择。认为某个设备完美无缺、能够满足所有需求，这种想法当然是荒谬的。

在学习初期，当我们阅读概要、试图理解知识框架时，使用数字媒体是目前最好的选择。到了下一个阶段，当我们试图深化知识、激活内部经验时，则需要进行深层阅读。在学习初期，快速点击、迅速翻页是一种高效的学习方式，但这种方式到了下一个阶段反而成了缺点。

当然，如果使用方法得当，数字工具也能有助于深层阅读。对于拥有特殊需求的人来说尤其如此，他们可以放大文本，或是通过新技术实现多种多样的其他功能。还是那句话，关键是要根据自己的需求来定制技术的使用方式。无论怎样，我们至少可以断言，在有些情境下，阅读实体书能让我们受益匪浅。

还有一种专门的学习设备，那就是铅笔。当然，它也是瑕瑜互见。很少有人会认为手写笔记与打字别无二致。近年来，高等教育界出现了一种新趋势，越来越多的老师开始要求学生不要在课堂上使用笔记本电脑。

至于这样做的理由，最经常被提及的是 2014 年开展的一项广为人知的研究。该研究表明，以手写的方式做笔记能促进对内容的理解。[138] 研究者认为，电脑打字的速度会让我们不假思索地转录听到的每一个词。铅笔写起来虽然慢，但可以促使我们对知识进行加工和总结，只记录最关键的知识点，因此反而是一种优势。铅笔还能用来画素描、画草图、标注箭头、绘制空间结构图。

然而，2019 年发表的一篇研究却未能重复先前的研究结果。在记忆知识时使用铅笔只表现出了微弱的优势，而且随着时间的流逝，这种微弱的差异也消失了。在上一个研究中，学生仅在完成初次学习的 30 分钟后接受了测试。然而长期来看，真正至关重要的是学生们如何利用笔记来进行复习。[139] 这对于有特殊需求、必须在课堂上使用电脑来辅助学习的学生来说是个好消息。

但是，有些老师之所以不希望课堂上出现笔记本电脑，主要是因为电脑会让人分心，而上述研究均未把这个因素考虑在内。我们已经说过，多任务处理并不是获得成功的秘诀。如果你在课堂上刷微博或是看朋友圈，不仅会对自己的学习成绩产生负面影响，同时还会影响周围的人。一项研究证明了这一点，并因此受到广泛的关注。在课堂上看见其他人在使用电子屏进行多任务处理的学生，课后测试成绩比没有看见电子屏的学生低了 17%。[140]

说到阅读，也有研究调查了专用电子书阅读器，例如 Kindle 的使用情况。使用这类设备时，并不存在多任务处理的问题，研究者由此发现了与深层阅读有关的其他细节。对于篇幅较长的叙事性内容，不管读者使用的是电子书还是实体书，阅读理解的效果都差不多。但研究者还是注意到了一个明显的差异：实体书读者能更好地描述出故事中事件发生的时间顺序。如果询问被试某个物体在文中出现的位置以及某个事件在故事中发生的时间，实体书读者和电子书读者的答案就会出现显著差异。该研究团队推断，阅读过程中的触觉体验会影响读者对内容的消化。[141] 也就是说，在阅读实体书时，翻页这个动作也是一种强大的信息输入。文字进入大脑时，它们的位置是固定的，这样就能或多或少地有助于我们的回忆。单纯从触觉上，我们也能清楚地意识到目前的阅读进度离书的开头或结尾有多远。

许多研究者提出了这样一个问题：用电子屏略读是否会对其他阅读形式造成“溢出效应”（spill-over effect）？我们是否存在丧失深层阅读能力的风险？玛丽安娜·沃尔夫在书中表示，她也开始对自己的阅读能力表示怀疑了。尽管她具有专业文学学者的背景，也热爱阅读，但如果整天扑在工作上，略读会不会早已霸占了她的头脑呢？作为实验，她决定重读一本对自己非常重要的书：赫尔曼·黑塞（Hermann Hesse）的经典小说《玻璃球游戏》（*The Glass Bead Game*）。

这段经历让她震惊不已。她发现自己因为作者温吞的叙事节奏感到焦急、烦躁、恼火，自己会爱上这本小说真是不可思议，黑塞也不应该获得诺贝尔奖。沃尔夫现在变得很讨厌这本书，但为了研究自己的阅读习惯，她仍然继续进行实验。最后，她的解决方式是缩短阅读时间，每 20 分钟休息一次。她花了两周时间才回到正轨，重新开始享受阅读。但她的收获远大于此。多亏了深层阅读，她开始找回自我，也找回了属于自己的想法。由于我对内部经验的主张和理解，沃尔夫那样的实验对我来说完全是一种挑战。我径直去了图书馆，借来了同一本书。作为一个专注非虚构类图书的极客，我几乎记不起自己上一次阅读小说是什么时候了。我能读完这本书吗？多年前，我就很喜欢黑塞的小说《悉达多》（*Siddharta*），但《玻璃球游戏》不一样，是本大部头。我做好了最坏的打算，开始为完成这个项目做出合适的地点和时间限制。我把书放在了卧室的床头柜上，这个房间里没有放置任何数码设备。

一开始，我只能坚持读一小会儿，但很快就开始延长阅读时间。慢慢地，我逐渐爱上了这本书。在阅读非虚构类图书时，我希望从中受到启发，获得新的主张与想法，在生活中实践这些收获。而在阅读赫尔曼·黑塞的过程中，我的收获是先前的 10 倍。我惊讶地发现，将回归阅读描述为“回家”真是再贴切不过了。

玛丽安娜·沃尔夫对阅读和学习的未来发展方向提出了一个建议，以此作为这个实验的结论。她的灵感来自对双语儿童的大脑研究。在这些孩子的成长过程中，他们的父母分别说不同的语言，但是一旦克服了最初的困难，这些孩子就能培养出有益的高度灵活性。当研究者要求人们说出字母、数字、颜色这样的常用信息时，双语者比使用单一语言的人速度更快。除了在使用语言时表现出更高的灵活性、能更快回忆出词语，他们也在其他方面表现出更强的理解能力。沃尔夫提供的研究证据表明，双语者更容易进行换位思考，因而也更容易与他人的观点产生共情。[142]

沃尔夫认为，对略读和深层阅读来说，我们也可以培养出一种类似的“双语能力”。就像父母使用不同的语言一样，我们也应该采用不同的媒介来同时实践两种阅读模式。如果使用数字媒体来略读，使用实体书来进行深层阅读，就能够让大脑充分整合这两种能力。

如果我们愿意使用多种不同媒介，就能拥有更多的选择和更多的工具。运用合适的工具来完成正确的任务，我们就能在数字化生活中做到物尽其用，同时也能获得最多的乐趣。

哪怕你过去并不经常进行深层阅读，从现在开始也很容易。你甚至不需要具备多么高超的阅读能力。最重要的是慢慢来，有耐心，再运用一些巧妙的地点和时间限制，就能学会在两种节奏之间随意切换，享受每一种方法的优势了。

边阅读边想象

接下来，我们将要向着最有效的学习策略再迈进一步。你会清楚地发现，我们必须为内部经验提供空间。例如，在记忆比赛中，我和其他选手都会使用记忆术。它们其实并不复杂，每个人都能学会，真正需要做的是时不时地进行内省。这种高效的学习技巧和多任务处理完全是两码事。

目前，我们已经学会了如何利用表象来生成独特的内部经验，也学习了有助于提升这种能力的三条标准。下面，我们要将这三条标准运用于“一页一图”法则，让你可以更好地掌控学习。无论阅读内容是什么，也不管用什么媒介来读，都可以应用这种方法。

假设你有一本历史书，需要读 20 页。除了在阅读过程中脑海里可能会自动出现的某些画面之外，我们还要用特定的图像与第一页的内容建立联系。这件事要在阅读开始之前就做好。由于我们并不知道书里的内容到底是什么，因此，就算图像与内容的关联比较模糊也没关系。

最好选择具有清晰轮廓的物体，而不要使用具体的人物。一旦积累了过多人物图像，就很容易出现混淆，因为多数人的外形都大同小异。你能分得清成百上千的物体，却没法分清那么多的人。

就历史书这个例子来说，我们可以将骑士盾作为第一页的指定图像。和之前一样，我们要努力想象出一个由真实材料构成的大型三维物体。

下一步，一边阅读一边反复想象这面骑士盾。等到这一页读完后，重新选择一个清晰的图像，比如花瓶。不必过于纠结选图的问题，相反，你要训练自己能够不假思索地做出选择并接受。迅速确定好花瓶的模样。一边阅读第二页一边反复想象花瓶的样子。

其实选择什么图像并不重要，只要你乐意，随便选什么都行。真正起到决定性作用的是边读边进行形象化的过程。这样就能形成我们希望建立的联结。就好比让耳机里听到的内容与当时所处空间的外部经验建立联结一样，这个地点和耳机里的内容并无任何关联，但我们同时体验到了这两件事，于是它们便在大脑中建立了联结。现在也一样，只不过这一次建立联结的是内部经验。

读到第三页的时候，再选择一个图像，比如蜡烛。只要马不停蹄地继续阅读就好了，不要因为选图而浪费时间。等到大脑逐渐适应了这种视觉头脑风暴之后，你就能更加得心应手地快速选图了。在大脑的帮助下，你根本不需要付出多少努力，只要接受选定的图像，继续读下去即可。请记住，模糊的图像也是可以接受的，此时形象化的过程依然有效。

接下来要给第四页安排一个图像了。不停想出新的图像可能有点儿烦人，如果你也这么觉得，那我可以支个招：给使用过的图像制造变体。假设我们想再用一次蜡烛，这次，可以想象一根弯折了90度、由奶酪制成的更粗的蜡烛。大脑会将它当作一个全新的图像，这样你就可以把它安排给第四页了。到了下一页，你可以想象一根由蓝色塑料制成的蜡烛，扭成了数字8的形状。再下一页可以是用方形铁皮制成的蜡烛，以此类推。

内部表象永远不会枯竭。以大象为例，我可以轻而易举地想象出几百个不同的图像，比如一头由巧克力制成的大象，只用一条后腿站立着，前腿和身体都完全伸直。

用这种方式读完历史书的20页后，立刻快速地在脑海里做一次复盘。这件事做起来非常简单，只要再读一遍第一页的开头，直到能想起这一页的图像就可以了。还记得我们当时使用的例子吗？想到之后，就马上重读下一页，直到想起这一页的图像，以这种方法继续完成后面几页。不需要去“记住”任何图像，只要在当时进行形象化，剩下的一切交给大脑就行了。

你现在所做的就是把这本书分成了20个不同的内部经验。你所使用的心理表象和磁铁的工作原理差不多，对它们进行想象就能吸引出读过的内容。就这样，读过的内容便纷纷被记起来了。一边阅读或听讲，一边主动想象，是一种刻意启动大脑学习机能的方法。

如果之后有人和你聊历史，提到的某些内容让你想起了自己读过的第四页，你的脑海中就会自动出现奶酪蜡烛。通过奶酪蜡烛，你又能回忆出更多相关信息，并且可以用自己的话娓娓道来。其他相关图像也会一一浮现，你就能够随心所欲地主导谈话方向，并在谈话的过程中顺利回想出所需的知识了。不必鹦鹉学舌、人云亦云，你可以像个真正的专家一样侃侃而谈。

回想学生时代，你有没有把书上某一页的样子原封不动地记下来过呢？可能这一页上有一幅特别的插图，或是排版非常特殊。对你来说，这一页非常容易回忆起来，上面的内容也可以毫不费力地记住。一页一图的方法和这种情形的原理相似，只不过一页一图可以运用在每一页上，效果也更好，因为这些经验以及大脑里的联结都是我们主动创造出来的。

现在，我们在大脑内部穿梭的能力已经得到了改善。利用图像制造出来的内部经验起到了电脑中的文件夹的作用。这是一种直接学习，不需要你通过检索大脑来确定知识的位置。举个例子，我可以随时问你：上文提到的那个银行劫匪穿的是什么颜色的裤子？不需要经过浏览，你很可能立刻就能找到脑子里那个正确的文件夹。

这种加工信息的方式对大脑来说倒也不是什么新鲜事儿。你有没有在读完某本书后，又看了根据这本书改编的电影？多数情况下，你都会感到很不满意。电影中的场景和你的想象大相径庭。读书时，你的眼前会浮现出主人公、场景、事件的片段。这些模糊的图像像磁铁一样，把书中的情节吸引过来，成了文件夹，帮助你组织起整个故事。如果你试图回忆第三章的故事，大脑就会疯狂搜索对应的视觉片段，指引你找到正确的文件夹，让你恍然大悟："哦，那一章讲的是发生在海滩上的故事！"通过这种方式，大脑还能找到一些包含着本章主人公的视觉片段的子文件夹，然后继续寻找更多细节。

当我们刻意对内部表象进行形象化时，就是在调动大脑，利用它现有的机制学习新东西。在学会这样做之前，我们只能完全依赖于自动出现的图像，而且有时候可能根本不会出现图像！人们常说，天赋异禀的作家能描绘出栩栩如生的画面，的确如此。不过现在，你自己就能创造出大脑所需要的表象，不是必须遇到好的作品才读得下去了。你还可以利用那三条标准，让图像发挥更强大的作用。很快，你就会适应这种自然的信息加工方式；更重要的是，你还能掌控学习，变得更加自信。

当然，你仍然需要通过复述来记住知识，然后才能回忆并利用这些知识。但现在，你将会学到一种方法，确保这种复述几乎总是能够自动发生。打个比方，如果你继续学习历史，已经建立的联结就会顺理成章地自动激活，经常性地重复。如果你已经利用概要学习了整体知识架构，这种效果就会更加明显，能更好地把相关知识整合进大脑里，让不同知识创造出更多成果。

利用视觉思维获得超能力

迅速学习大量信息并掌控学习的唯一方法就是利用内部表象。如果利用声音或韵律来学习，需要多次重复，而且只能按照固定的顺序机械地叙述出一连串事实。当然，气味和味道也能产生强大的记忆联结，但它们总是和某种特定的内部表象有关，比如某个地点、某道菜、某个人。当我们需要回忆出某种气味或味道时，往往就会用到这些表象片段。

你也可以从记忆比赛中获得启发。正式的记忆比赛大概已经举办了 30 年了，有意思的是，所有参赛选手都会使用一种最基本的记忆术，这就是形象化。当然，每个人使用的图像各不相同，联结的方式也大相径庭，但背后的原理是一致的。想要把海量的新信息组织起来，大脑必须将这些信息和形象化的图像联系在一起。

前面提到过，为了赢得记忆大师的称号，我至少要记住 1000 个随机数字的正确顺序。在准备比赛时，我训练自己将每个三位数数字与某个独一无二的图像联系起来。例如，与数字 576 联结的内部表象是鹿，284 是直升机，870 是防毒面具。图像随便怎么选都可以，这种方法的核心是通过练习，让每个三位数数字与图像的联结成为条件反射。我花了大概一年的时间定期进行重复练习，终于可以让所有数字都自动生成正确的图像了。在比赛中，只要一看到数字，我的脑海里就会出现对应的图像，然后再在想象中将它们相互联结，或是与不同地点联结。

接下来，选手会得到一张白纸，要在上面按顺序写下自己记住的数字。利用地点联结、图像联结，我的大脑就能找出正确的位置，回忆出之前创造的内部经验。我找到了所有图像，把它们重新转换为特定的三位数数字。旁观者以为我记住了 1060 个数字的顺序，但其实我根本没有回想什么数字顺序，只是给大脑指了指路，找出了那些易于区分的内部表象。所有参赛选手都会训练自己使用类似的系统。

比赛是很有意思的，但记住一些随机数字的顺序实在毫无意义可言。选手们在比赛中利用内部表象的目的，就是让大脑拥有可以理解的对象。比如，我会在大脑中联结两个图像，想象一头体形巨大的鹿站在直升机顶部，这是为了创造一些易于把控的经验，让大脑把它视为崭新的、有待理解的对象。这就和你学习象棋拳击的原理一样。只不过通过这个图像，我真正产生的“理解”是数字576284。

这件事没什么意思，除非你可以应用内部表象来学习具有实践意义的知识，将其应用到生活中去。记忆大师通常认为，想象一些具体的故事、醒目的图像是非常有帮助的，最好是包含性和暴力的成分。参加记忆比赛时，这个办法非常管用，因为你在比赛中记忆的都是无意义的信息，例如随机数字或是扑克牌的顺序。在这种情况下，你可以随意创造各种故事。但是，如果要学习真正的知识，这种方法对努力程度和专注程度的要求就太高了。如果我是在上物理课，就必须专心听讲。

想象简单的静态三维物体的优势在于，这一过程能通过训练变得自动化。我们可以在专心吸收知识的同时轻松地进行形象化。但是我们永远不可能自动地创作出复杂的故事，这是必须付出努力才能做到的。

我们都学过如何在纸上存储、解码正确的信息，即读和写，你可以把读写同上面所说的那种方法进行对比。通过学习，我们认识了字母表，将字母串联起来认识了单词，又一笔一画地学会了写字。学习使用静态内部表象的过程也一样，只不过此时的书写和解读都是直接在大脑里完成的。创作复杂的故事就相当于必须画出最好看的画，或是用优美的书法记笔记。这些当然也能办到，但需要付出大量的时间和努力。而三维静态图像则相当于简单的速记，能让我们专注于知识本身。大脑原本就可以区分很多三维物体，我们只需要创建文件夹，准确无误地找到知识。

如果你想深入学习这些技巧，将它们应用到现实生活中，推荐你阅读我之前围绕这个主题所写的几本书。我在书中做了精心的设计，能帮助你尽快上手，迅速看到成效。

内部表象的变体是无穷无尽的，而大脑储存新知识的空间也是无穷无尽的。如果我们掌握了使用形象化的最佳方法，那么唯一能够限制学习总量的因素就是一天只有 24 小时了。

但如果没那么幸运，大脑也可能会严重阻碍我们对目标的追求。维克多・布尔（Victor Bull）第一次联系我的时候，正在经历这种折磨。维克多是一位前途无量的空手道明星，曾 12 次获得瑞典冠军。

然而，运动导致的一系列脑震荡中的最后一次让他的职业生涯戛然而止。这一次，症状一直没有消退，他反复出现头痛、疲劳、视野模糊。最严重的失忆症持续了两个月，每天都会发作。维克多很奇怪，为什么刚到中午天就突然黑了，后来才意识到已经过去了五六个小时，而他根本不记得自己在这段时间里做过什么。他发现自己和网友有过正常的交流，证据很明显，但他完全没印象。维克多在博客里描述了自己当时的病情：

> 每天最困难的事就是思考。我总是昏昏沉沉的，无法保持清醒，就好像在做梦一样，但又无法在梦中进行任何互动。周遭的一切都没有任何意义了，只剩下一个脑袋，仅此而已，身体有没有也无所谓了。大脑瘫痪了，躺在颅骨里，我几乎可以感受到它就那样瘫在那儿，隐隐作痛。[143]

整整一年，维克多除了休息几乎什么也做不了。一年后，症状才开始逐渐减轻。维克多想去上学，成为理疗医师，但在这种状态下，他怎么可能专注学习呢？在我的指导下，维克多开始练习新的学习策略。他参加了我开设的大型线上培训课程——思维学院（Mind Academy）。思维学院为学员提供了分步学习课程，让他们最终都能获得大师级的好记性。

由于脑损伤，维克多接受了一系列的追踪测试。有一回，心理学家让他完成记忆测试。当他把需要记忆的 10 个单词全部复述出来时，心理学家挑了挑眉，但还是继续测试。15 分钟后，心理学家问他是否仍然记得那 10 个词。这一次，维克多又把所有单词都复述了一遍，但顺序是从后往前的！心理学家不禁放下了手中的文件，问他究竟是怎么做到的。

一旦做好准备，找到合适的策略，维克多就可以立刻着手学习理疗了。他并不需要反复阅读同样的内容，因此节省了很多时间，并利用这些时间来学习更多知识，让他的同学们大开眼界。他还拓宽了自己的知识面，学习大脑的机能，希望能更加了解自己的脑损伤。

维克多的学业成就引起了广泛关注。一家诊所的负责人注意到他进步神速，在他毕业之前就决定录用他。现在，维克多不仅是一位获得资格认证的理疗医师，同时也负责对医疗保健人员进行有关脑损伤的培训。

学习策略当然无法治愈脑损伤，但它能让你在现有条件下更好地发挥大脑的机能。维克多再接再厉，决定参加正式的记忆比赛。他不仅获得了“斯堪尼亚记忆冠军”（Best Memory in Scania）的称号，还打破了我创造的快速记忆扑克牌顺序的纪录。他只用了

64 秒。

如今，维克多协助我进行在线教学，他的学生各个年龄段都有。他还根据我之前写的几本书制作了视频课程。

思维笔记本

假如你面前随时都有一个看不见的笔记本，那该有多妙。这样你就可以把所有需要记住的东西快速地记下来，也可以随时找出需要的信息，同时又不会被任何人发现。

这并非天方夜谭。接下来，你就将学到如何才能做到这一点。在本章的最后，你将练习如何把内部表象联结起来，亲自体验这种神奇的效果。我们把通过这种练习获得的有用工具叫作“思维笔记本”。有了它，你可以毫不费力地随时牢记 10 条重要信息，而且绝不会记错。

只要连续练习 4 天、每天 15 分钟，就可以学会这种技术。学成之后，你这辈子都可以随心所欲地使用思维笔记本了。

首先，想象一辆自行车，要选择一辆你很熟悉的自行车。将这辆自行车放大，侧面朝向你，车把在左，载物架在右侧。如果你的自行车没有载物架，就需要你自己给它加一个，这件事不到一秒钟就可以做好。这辆自行车将成为支持图像。它本身并不包含任何信息，但可以作为一个文件夹，帮助大脑进行搜索。

在练习的第一天，我们要提前准备好一张待办事项清单，记忆上面列出的 10 项内容。你只要跟着指导语操作就可以了，不需要自行添加任何东西，那是以后的事。放松地阅读这张清单，随时都可以停顿，以确保自己有足够的时间来记住它。你唯一要做的，就是根据我的描述将一些东西形象化，不要有任何差池。以下就是你要记住的待办事项清单：

带着重要的文件夹去上班

评估报告

在手机上安装杀毒软件

预订旅行

策划会议

给水管修理工打电话

去菜市场买菜

更换轮胎

买花

给智能手机充电

现在，再次想象出自行车。将注意力集中在车的前轮上，并在脑海中将其放大。把文件夹放在前轮的车胎上。文件夹的正反两面分别位于车胎两侧，仿佛它在骑车过程中被嵌进了车胎里。

然后，将注意力转移到车轮左半边的辐条上。将一沓纸放进辐条之间，代表你要评估的报告。

接下来，想象车轮的中心位置。把它尽可能地放大，然后在上面放上一台笔记本电脑，注意保持平衡。一定要确保这两个建立联结的图像相互接触了。发现了吗？我们正在自行车这个支持图像上从左到右地“写入”其他图像，就像写字一样。

将注意力转移到车把上。在左手的刹车下方放一个插着雨伞的高脚玻璃杯，代表你要预订的旅行。

下一个待办事项是策划会议，可以用办公椅来表示。想象出这把椅子，把它放在车把的中央，有需要的话可以放大。

为了让自己记得给水管修理工打电话，在自行车的车架中央放一只扳手。

现在轮到车座了。把一只塞得满满当当的购物袋放上去，提醒自己记得买菜。

注意力往下移，看向脚蹬。想象其中一只脚蹬上挂了个大大的汽车轮胎。

把一大把鲜花放在车后的载物架上。

最后，想象出自行车的尾灯，在脑海中把它放大，然后把智能手机充电器放上去。

现在，你已经为清单上的 10 个条目都创造了表象。回顾一遍，看看在不重新看清单的情况下，你能记住几条。如果遗漏了某个图像，就反复想象遗漏的条目，直到你能万无一失地记住所有条目为止。

完成这个练习后，你就随时都能按照正确的顺序“读取”所有条目了，只要乐意，倒背也不是问题。自行车的作用是让你能够从左往右、从上往下地找到所有信息。

第二天，你可以再用这种方法来记住自己写出的重要待办事项。一条一条地创建自己的图像，将它们放到自行车上我们上一次摆放的相同位置。这样一来，之前的图像就会被“重写”，很快就会消失了。想要记住条目，只要把图像作为简单线索，因此不必为了选择正确的图像而劳心费力。

每天记住一张新的清单，连续练习 4 天，像我说的那样，每天都要重写前一天的图像。这些清单可以是购物清单，也可以是你希望在会议上、谈话中阐述的要点。

4 天后，习惯就养成了，你随时都可以在自行车上的固定位置进行搜索。达到这种水平后，你就会很快发现，在脑子里记笔记比在纸上更快！

接下来，你就可以把这个工具运用到实际生活中了。举个例子，如果你需要做一次重要的演讲，就不妨使用思维笔记本。在它的帮助下，你可以像专家一样有条不紊地进行阐述，无须参考笔记。这些图像还能像磁铁一样吸引其他信息，让你在每一条要点上，都能回忆出比原本想说的更多的内容。

利用思维笔记本，你还可以在谈话过程中随时记录重要的信息。谈话结束后，你将很容易回忆出当时想要记住的内容，可以在方便的时候再把它们写下来。

通过这种练习，你将感受到完全掌控学习是一种什么样的体验。当然，如果需要记忆的要点超过 10 个，就无法使用思维笔记本了，但无论如何，请首先迈出第一步。重要的是让思维笔记本成为一种自动自发的思维过程。另外，相比不使用任何策略时的记忆容量，10 个要点已经相当不少了。如果深入研究这些策略，你还能够同时记住更多要点，并记得更牢。

大脑积分自评

初级

□ 思考一下，你是否可以通过快速了解某个领域的基础知识而获益。利用策略，找几篇不同的概要进行阅读。学习一小时后，得 1 分。

□ 在每个工作日的早上，首先设定一个三分钟的计时器。选择一个简单的物体，用三分钟时间对它进行形象化，一定要将它想象成由某种真实材料构成的大型三维物体。每天想象的物体不能相同。这样做可以改善视觉思维，也能让大脑做好准备，开启新一天的主动学习。

□ 选择一家新闻网站或一份报纸，提醒自己在每次看新闻的时候，把新闻的内容想象成电影画面。把进行想象的时间固定下来，可以很快取得成效并形成习惯。完成两次后，得 1 分。

□ 养成定期阅读小说的习惯，每次阅读时间不必很长，但坚持这样做，可以帮助你练习深层阅读，提升形象化能力，还有助于放松。读完一本书后，得 1 分。

□ 利用位置法进行会议前的准备。反复回想你要在会议上阐述的要点，同时在代表不同要点的各个位置之间来回走动。

高级

- □ 确定一个你想要深入学习的知识领域。如果你已经掌握了这个领域的总体框架，可以就该主题制订一个简单的深层阅读计划。通过巧妙的时间和地点限制来确保你能完成计划。取得显著的进展后，得 1 分。

- □ 围绕一个你希望深入了解的课题，找一本非虚构类的实体书来读。一边读一边体会深层阅读是如何帮助自己进行深入思考的。和在网上进行略读相比，你能体会到自己对学习资料的理解发生了改变吗？读完一本书后，得 1 分。

- □ 在忙碌的工作日里，每晚在计时器上设定三分钟，找一个安静的地方坐下，回想刚刚过去的一天里发生了哪些事。这相当于一种思维复盘，能帮助你吸取当天的重要教训，整理松散的思路，为这一天画上句号。如果发现了白天忘记处理的要事，可以用纸笔记录下来。

- □ 选择一份篇幅较长的介绍、文章或其他需要学习的材料，利用一页一图法或一段一图法进行阅读。如果你做完思维复盘，心里还是没什么底，可以把这种方法跟位置法结合起来使用，在经过的不同地点进行形象化。留意使用表象是如何让你更容易提取到知识的。

- □ 根据上文的指导，花 4 天时间掌握思维笔记本。

- □ 在实际生活中进行对话时，利用思维笔记本记录你想记住的要点。完成后，得 1 分。

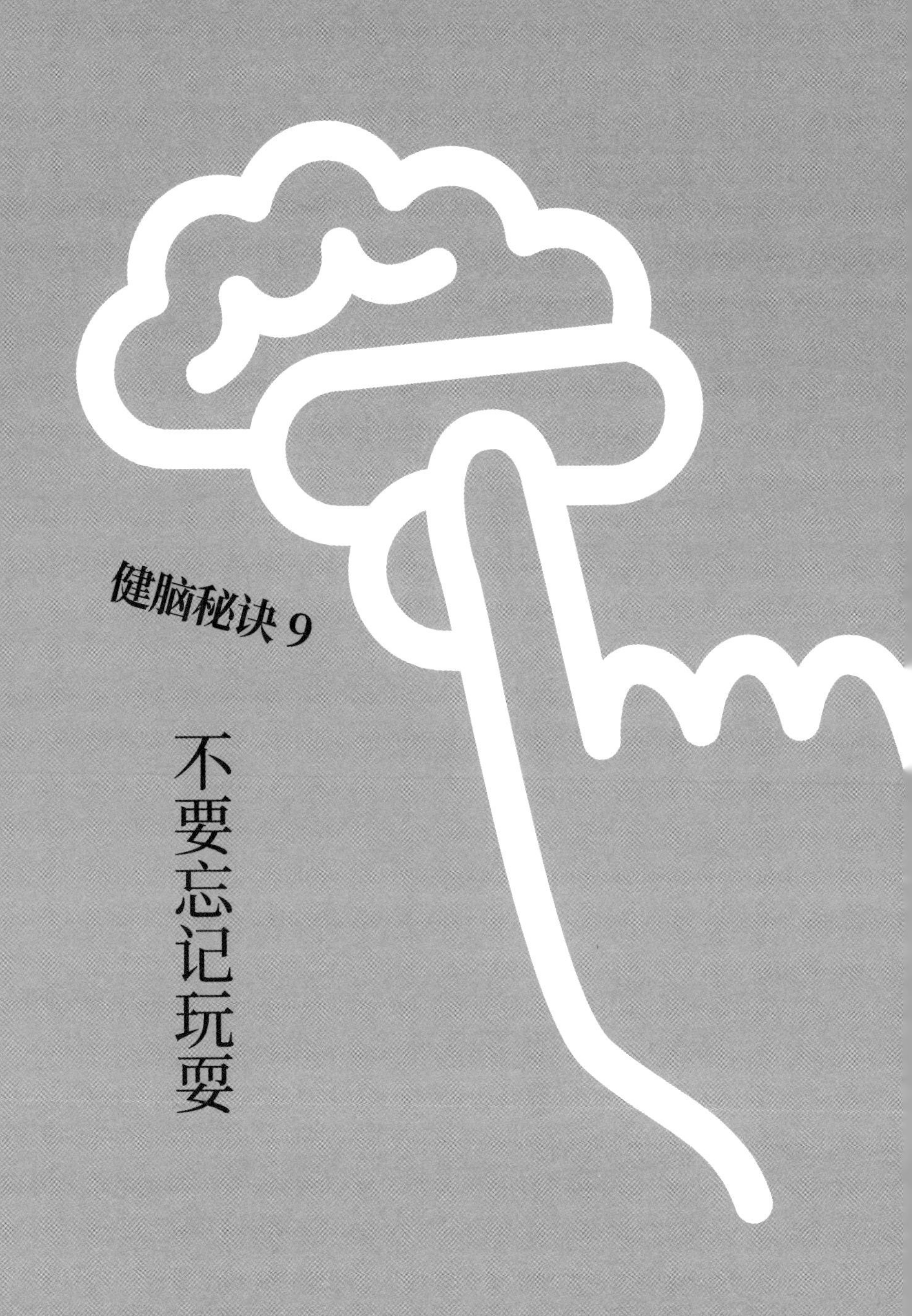

健脑秘诀 9

不要忘记玩耍

不必对自己过于较真

也许有些读者会认为 8 条秘诀还不够，那我们就再讲一条。有人问：想要驾驭电子屏，就必须终身奔忙、不断改进吗？得到的好处太多，会不会有潜在的风险？答案是肯定的，也正因为如此，这场探险的最后一程才格外重要。我们还有一件事必须做到，那就是玩得开心。

信息时代的生活节奏让我们手忙脚乱，耳畔总有声音在告诫我们：要不断改进、不断提升。如果幸福成了一种衡量成功的标准，所有人都沦陷在比较与评判之中，我们还能玩得开心吗？

过度优化必然会导致事与愿违。对某些领域来说，这样做尤其会适得其反，因为过度优化违背了这些领域的宗旨。但是，只要准备好从全局去思考，就可以达到真正的平衡。

想要玩得开心，首先不能过于较真。前文中提到过一项长达 80 年的调查研究，探讨了幸福的原因，得出的结论非常值得我们学习。除了人际关系以外，我们的人生态度也至关重要。因此，一定不要在遇到挫折的时候钻牛角尖。这种心态是可以有意识地培养的，只要假以时日，很多人都能自然而然地取得进步。

人的一辈子会犯下许多错误。生命短暂，我们不应该总是纠结在那些过错上。人无完人。这一点，我们要牢记在心。也许正因如此，生活以及他人才会变得生动有趣、真实可爱。当下的失败或许让人一时难以接受，但你可以做些事情，让自己能够换个角度，柳暗花明。这是可以通过练习实现的。一周后，或是一个月以后，此刻的失落意义何在？十年以后呢？当下的一切，都可以用这种方式来思考。

少许的自嘲也是一种幽默，可以给人带来真心的笑容。这里所说的“幽默”并不包括通过贬低来嘲讽他人。真心的笑容中必然包含惊讶这种要素，一种意料之外的想法进入了大脑，违背了常规的思维方式，由此让人不禁一笑。如果我们总是焦虑、恐惧，就不可能做到这一点了。我们要活在当下，以开放的心态迎接此刻发生的一切。对自己不必过于较真，也是创新与合作的核心。唯有认识到自己并不完美，不是宇宙的中心，我们才能接纳他人的想法和观点，并做出回应。

这种心态也关系着持久度。缺乏幽默的工作环境或人际关系是无法长久的。如果对自己过于较真，就可能把注意力都放在不可避免的小毛病上，忘记了更大的目标。对我来说，幽默、温暖是人际关系和专业交流的基础。它们往往预示着双方可以促成真正的合作关系。

当然，幽默也并不是万能药水。过犹不及。我们尤其不能利用幽默来逃避自己需要承担的责任。人类无所不能，既可以真情实感，也可以虚与委蛇，要向哪个方向发展就看你自己了。

想要在成功和幸福之间取得平衡，我们需要纠正一种有关工作和事业的常见误解。有人认为，成功的唯一途径是百分之百地全情投入，这种想法不仅错误和短视，而且极具破坏性，害人不浅。如果你在朋友、家人和其他兴趣爱好上的投入为零，绝对无法持之以恒、全力以赴地完成自己的计划。只有留出空间，求取平衡，才能确保你在实现远大目标的过程中能够享受工作，不会把自己搞得精疲力竭。

赋予自己多重身份是一种行之有效的手段。我指的当然不是詹姆斯·邦德的那种秘密任务，也不是要鼓励你人格分裂。我要介绍的是一种提升幸福感的方法。保罗·洛森菲尔德（Paul Rosenfield）曾经是哥伦比亚大学的精神病学教授，他认为：

> 单靠工作来建立自己的身份认同，会让你的自我意识变得局限，万一工作上遇到了不顺，就容易抑郁、丧失自我价值、失去目标。如果失去了工作，那么我又是谁呢？我们最好都能针对这个问题给出可靠的答案。

还好，洛森菲尔德认为人们总是可以亡羊补牢，关键就在于培养和经营多种多样的身份。他接着说道：

> ……如果其中一种身份失败了，其他身份仍然能够支撑你继续生活下去。就算丢了工作，但你作为父亲或母亲的身份依然不变，便可以安之若素。如果你是个虔诚的信徒，或认为自己是个艺术家，也同样可以泰然处之。[144]

然而，仅仅自视为合格的父母，却未在孩子身上投入时间，是不够的。我们必须以身作则，通过行动来强化各种身份。亲密朋友、生活伴侣、自行车爱好者、哲学迷，这些身份都很有意义。只要培养了一些这样的身份，你就能安然游走在不同身份之间。日复一日，年复一年，我们的生活不仅不会一成不变，反而能在不同的人生阶段游刃有余地切换不同身份。这能让生活变得多姿多彩，让我们精力十足、安全感十足，成为更好的自己。

把所有鸡蛋都放进同一个心理篮子里，对我们正在从事的活动并不会有什么帮助。培养更多身份能帮助我们在各方面取得更高的成就。例如，我们可以通过学习如何运动、如何教育子女来取得更好的工作业绩。在这个过程中，我们会形成新的观念、学会新的技能，从而找到创新的解决方案，或是达成更好的合作。工作业绩改善后，我们自然也会感到称心如意。

我们都应当朝着目标奋斗，但也都应当享受已经拥有的一切。否则，我们就会陷入死循环之中，永远在追寻成功，却永远无法得到想要的奖赏。成功还是幸福并不是一道单选题，在完善自我的同时继续应对生活中的挑战，是完全有可能的，二者并不矛盾。

过程比结果更重要

可惜，我们不可能按照指令来享受生活、保持最佳状态。“积极思维”“选择快乐”“活在当下”，这些励志型的心灵鸡汤过于简单，很难起到真正的作用。恰恰相反，这些简单的解决方案只能让你逃避自己必须学会应对的现实。学会更多知识才能拥有更多行动机会，这才是你应该做的事，也是本书希望鼓励你去做的事。新的做事方法会带来新的转机。如何去享受人生、感到幸福、不较真呢？你可以试试这件事——玩耍。

玩耍既能平衡幸福和成功，也能让你在享受当下的同时继续探索。刚开始玩耍的时候，你还是个小孩子，但玩耍这件事理应贯穿一生。玩耍也有不同的类别。许多人认为玩耍代表幼稚或“玩物丧志”，但事实并非如此。

2017 年，德国的一个研究团队将喜欢玩耍的成年人分成了 4 种类型。第一种人喜欢和周围的人开玩笑；第二种人无忧无虑，不在意行为可能导致的后果；第三种人喜欢以各种想法和观点自娱自乐；第四种人喜欢赏玩稀奇古怪的东西或奇闻逸事，能把平平无奇的日常见闻变得像戏剧一样精彩刺激。勒内·普鲁瓦耶（René Proyer）教授是该研究的负责人，他希望通过展示玩耍的不同形式，鼓励人们养成喜欢玩耍的心态。[145] 腾出时间来玩耍，并不代表我们要表现得像小丑一样。

除了审视自己的态度，我们还要确保自己所做的事情能给自己带来快乐。只是想着那些自己喜欢的事是不够的，你必须亲身参与。那么问题来了：成年人在玩耍的时候到底在做什么呢？

精神科医生斯图亚特·布朗（Stuart Brown）花了数十年时间研究玩耍对幸福和健康的影响。他做过一次广受欢迎的 TED 演讲：

《玩耍不仅仅是为了乐趣》[146]，在其中探讨了 5 种玩耍的类型。

第一种是肢体玩耍（body play），带来的是运动的乐趣和与生俱来的克服重力的渴望。我们可以通过步行、瑜伽、舞蹈、滑板、攀岩、坐过山车来玩耍。

第二种是追逐打闹型玩耍（rough-and-tumble play），也涉及肢体动作，但更偏向于体育运动，例如足球、网球、棒球、摔跤。这些活动可以锻炼身体、提升认知能力，还可以让我们学会调控情绪。

第三种是仪式型玩耍（ritual play），如桌游、电子游戏，以及其他制定了规则的活动。我们需要通过制订策略来实现具体的目标。

第四种是想象类玩耍（imaginative play），包括讲故事、绘画、雕塑、戏剧表演。在这些活动中，我们可以通过想象获得乐趣，也可以通过多种方式获得新发现。

最后一种是物体玩耍（object play），包括树屋、乐高、模型、功能性建设项目等各种建设和设计活动，可以让成年人受益匪浅。

当然，玩耍不止这几种类型。但所有玩耍的目的都是探索能带给我们快乐的事。布朗认为，主动参与和超越时空的乐趣是所有玩耍都具备的基本特征。参与活动的体验比结果更重要。在玩耍的过程中，我们拥有永不枯竭的动力和能量。只要看到过小孩子玩耍，我们就会发现：他们的动力和能量似乎源源不绝。他们之所以玩耍，并不是因为有人承诺了付出会有回报。也许这就是他们看上去永远不会疲倦的原因——玩耍本身就是全部意义所在。

成年人可以从孩子的玩耍中学到很多东西。我们也能像孩子一样，通过玩耍储存能量。经历了一整天高强度的工作以后，消极享受往往并不是放松和恢复体能的最佳手段，我们应该找到适合成年人的玩耍方式，积极参与其中。

首先，放下手里的活儿，想想自己喜欢做什么，什么事哪怕不考虑结果也能让你满足。这就是关键。这些事可以帮助我们找到玩耍的心态，从而将这种心态应用到生活的其他方面。每个人小时候都会玩耍。现在，我们只需要稍微改变一下玩耍的方式，就能以成年人的方式去享受玩耍了。在越来越强调工作效率和绩效的现代社会，这一点比以前更为重要了。

看电影似乎是一种很好的放松方式，有时甚至是一种必要的放松手段，但它还够不上玩耍的标准。我们必须单纯为了快乐而主动参与某种活动，由此才能获得更深层次的满足。

玩耍是成功和幸福的完美平衡。在玩耍的过程中，我们通常需要完成一些挑战性的任务，同时也会感到快乐。为了应对挑战，我们在“只是为了好玩”的情况下锻炼了各种能力。

对我来说，音乐是一种非常重要的玩耍方式。小时候，音乐家是我唯一的身份，这让我不堪一击。而如今，音乐家只是我众多身份中的一种，它给我带来了许多快乐。当我以自己的方式重新开始玩音乐之后，它对我的意义也越来越重要了。

我能演奏的乐器不止一种，而且水平都还不错。对家人和喜欢音乐的邻居来说，我们家的音乐室就是一所游乐场，经常会有人来到我家即兴演奏。

我和一些朋友是因为音乐而结缘的，我们相识多年，拥有许多共同经历，彼此间的默契是我在其他人际关系中从未体验过的。我们偶尔也会为别人演奏。这是一种非常特别的社交方式，很难对没有共同经历的人描述清楚。演奏当天，我们一直待在一起，为晚上的音乐会做准备。在表演的过程中，我们一起释放了所有的能量，玩耍与专注、放松与计划、享乐与效率、协调与紧张同时发生，到达巅峰。这一刻，我们超越了时空的界限。

在那样一个夜晚，我们付出了所有的努力，演奏结束后，这一切也就消失不见了。我当然也可以把这些时间用来躺在沙发上看电视，而不是自找麻烦。然而，尽管我劳神费力了一个周末，但在周一早上，当我回到工作岗位时，反而感到比平时更有干劲了。

玩耍不仅仅是为了快乐。和其他健脑秘诀一样，玩耍也在进化中具有重要的地位，是人类生存的必要条件。对儿童来说，学会重要技能的首要途径就是玩耍。当他们掌握了基本的运动技能后，就开始玩耍了。他们从来不需要任何指导，就懂得如何把玩周围的物体，用它们进行各种尝试。而且，天生会玩的也不是只有人类。只要你花点时间观察一只小奶狗，就能消除这种误解。

孩子长大一些后，会对复杂的想象类玩耍表现出浓厚的兴趣。在那之前，他们会在游戏中扮演身边的大人，大多数儿童都会经历这个阶段。这也是一种学习方式，几千年来一直如此。到了今天，孩子们会模仿大人打扫卫生、煮饭和上班。

玩耍还能培养社交能力和共情能力。要是希望小伙伴能一直陪我玩，我就得保证他们也同样玩得开心。如果对小伙伴不管不顾，我自己也不会玩得很开心。在儿童和其他哺乳动物中，人们还观察到了另一种玩耍方式，那就是追跑打闹。这也是一种重要的学习途径，儿童可以从中学会管控风险、界限和潜在的危险。

新西兰奥克兰的一所小学开展过一项有趣的实验。在该研究中，原有的玩耍时间限制被取消了，结果霸凌现象显著减少，学生的成绩也提高了。这次研究结束后，学校决定进一步延续这个实验，取消了所有课间活动时的操场安全行为规范，让孩子们可以随心所欲地骑车、爬树、摔跤、玩滑板。尽管这些活动让操场变得混乱不堪，但学生受伤的概率却大幅下降了。从根本上来说，让学生自己负起责任、摸索出适合自己的玩耍方式并进行尝试，反而会更加安全。[147]

千百年来，玩耍对成人也具有重要的作用。作为个体，它帮助我们找到了成功与幸福的平衡点。除此之外，它还能帮助我们平衡人际关系。人类通过玩耍性的挑战、游戏、运动和其他有趣的活动，建立了合作与互信，超越了一方支配另一方的单纯野心。从这一点来说，玩耍可以维系和平，对人类的生存繁衍至关重要。

相信许多人也发现了，玩耍甚至对于爱情也很重要。为了让两性关系长长久久，我们需要适度玩耍。因此，幽默感能成为广受欢迎的择偶标准也就不奇怪了。男性的幽默感是一种不具备攻击性的表现，有幽默感的人不大可能伤害伴侣或孩子，这是显而易见的；而女性的幽默感则被视为年轻的表现，从而反映了她们的生育能力。

玩耍也和我们常常提到的心流具有密切关联。1975 年，匈牙利教授米哈里·希斯赞特米哈伊（Mihaly Csikszentmihalyi）首次提出了心流（flow）这一表述。但在 20 世纪 90 年代以前，心流并没有得到主流社会的关注。许多人并不知道的是，希斯赞特米哈伊在发明“心流”这个词之前，还使用过另一个完全不同的术语。一开始，他把这种现象叫作“自成目的体验”（autotelic experiences）。这个术语源自希腊语中的“auto”（自己）和“telos”（目的）。两者结合，描述了一种活动本身即为活动目的的体验。

内部动机与外部动机

在我们从玩耍和心流中汲取大量能量储备时，如果能了解动机的作用原理，就会更加受益匪浅。研究者和心理学家普遍认为，动机具有不同类别，最常见的分类是内部动机与外部动机。因为兴趣而采取行动，这是内部动机：我们喜欢做这些事，事情本身就能让人感到充实。在外部奖励的驱动下采取行动，则是外部动机。

在日常生活的不同情境中，行动的原因既有内部动机，也有外部动机。为了帮助理解，我们同样可以将大脑看作能够依靠不同的燃料来驱动的混合动力发动机。学会区分内部动机与外部动机是非常有用的。

过去几十年得出的大量研究结论似乎与常识中的动机工作原理南辕北辙。丹尼尔·平克（Daniel Pink）在《驱动力》（*Drive: The Surprising Truth About What Motivates Us*; Riverhead Books, 2009）一书中，精彩地阐述了动机知识的起源。

最早是在1949年，心理学教授哈里·哈洛（Harry Harlow）和他的研究团队在恒河猴实验中发现了惊人的结果。他们设计了一种小型益智玩具，需要恒河猴通过三个步骤破解机关：第一步，取下别针；第二步，拨开栓子；第三步，打开带铰链的盖子。恒河猴立刻专注而用心地投入了这项挑战。大多数恒河猴都能在没有看过演示的情况下快速完成任务，然后会反复重来，速度一直很快。

出人意料的是，恒河猴做这些并不是为了得到奖励，它们好像非常喜欢这个任务。在当时那个年代，人们通常认为一切行为都是由外部奖励驱动的。一时间，人们无法为恒河猴的这种行为找到合理的解释。哈洛教授是使用内部动机（intrinsic motivation）这一表述的第一人。

为了提升恒河猴的表现，研究团队决定奖励解决问题的猴子，给它们发放葡萄干。结果，恒河猴尝试的次数反而变少了，错误也开始增加，这让研究者更加困惑了。[148]

这些极具争议的研究结果就这样被搁置一旁，直到20年后，才有了后续研究。卡内基梅隆大学的爱德华·德西（Edward Deci）以人类为研究对象，开展了相同的研究，这次的任务是解开索玛方块（Soma cube）。这是一种三维拼图，将 7 块积木组合起来能得出无数种形状。

任务结束后，被试留在原地，等待研究者填写测试成绩。被试并没有得到进一步的行动指示，但他们并不知道，有人正在观察他们的反应。结果发现，被试会继续摆弄方块，平均时长为 3.5 ~ 4 分钟。

在后续进行的另一轮测试中，有一半被试在每次成功解开方块后会得到报酬。和之前一样，所有被试都会出于个人兴趣而继续摆弄方块。得到报酬的被试摆弄的时间更长，希望能在下次得到更多报酬。

到了下一轮测试时，研究者宣布由于经费不足，无法向被试发放报酬了。这样做是为了观察被试的个人兴趣是否会受到影响。可以自由活动时，上一轮得到过报酬的被试很快就停止摆弄方块了，而从未得到过报酬的被试摆弄方块的时间比之前更长。随着时间的推移，他们的兴趣似乎更加强烈了。

通过一系列的后续研究，研究者推断：奖励能暂时提高兴趣，但从长远来看，会对兴趣造成消极影响。外部奖励会削弱人们的内部动机。一开始的玩耍，后来却变成了工作任务。[149]

另一项经常被引用的研究探讨了奖励对学龄前儿童的影响。研究者挑选了一群喜欢画画的孩子，将他们分为三组。第一组小朋友被告知，如果他们画画，会得到漂亮的证书；第二组小朋友没有得到任何指示，但在选择画画之后，会得到证书作为惊喜；第三组没有证书。

研究者希望通过这种设计，探讨奖励能否加强儿童画画的动机，结果却完全相反。几周后，研究者再次对这些小朋友进行了观察，在这段时间里让他们自己选择想要从事的活动。在承诺发放证书的那一组，选择画画的人比之前更少了。其他两组中没有出现这种差异，无论是收到了惊喜证书的孩子，还是没有收到证书的孩子，选择画画的人数都和之前相差不大。[150]

这是有关儿童的重要发现。我们一直以为，承诺给孩子奖励是一种有效的教育方法，有的人为了鼓励孩子提高数学成绩，甚至会提供金钱奖励。正如前文所说，外部奖励能暂时提高成绩，但我们可以很肯定地说，这种做法最终只会削弱孩子对数学的兴趣。它无异于告诉孩子：你对数学没兴趣，数学对你来说也并不重要，数学只是一桩人人都想摆脱的苦差事。奖励让家庭作业变成了单纯的任务。如果我们可以反其道而行之，让学习变成玩耍，让学习本身充满乐趣，就能培养孩子的内部动机。这样也更有利于促成心流，让人精力充沛。

哪怕对于成年人，外部奖励也并非可靠的激励手段。为了研究奖励对成人绩效的影响，美国联邦储备委员会（U.S. Federal Reserve）委派芝加哥大学、麻省理工学院和卡内基梅隆大学的研究者前往生活成本较低的印度，共同完成了一项实验研究。

研究者一共准备了 9 项不同的任务，包括问题解决、创造性测试和单纯的动作技能测试，例如朝目标投掷网球。被试分为三组。第一组会得到相当于当地日薪的小额报酬；第二组会得到中等水平的报酬，相当于两周的薪水；最后一组会得到高额报酬，几乎相当于 5 个月的月薪。

那么，各个小组在不同技能测试上的结果有差异吗？确实有，但差异的具体表现却让大多数人始料未及。获得报酬最高的那组被试在 9 项测试中的 8 项里都表现最差；而中等报酬组的被试和报酬最少的被试不分伯仲。[151]

伦敦政治经济学院开展过一项系统性综述研究，评估了 51 个有关公司奖金方案的研究。开展该综述研究的经济专家认为，从研究结果来看，金钱激励对总体绩效可能存在负面影响。[152]

上述研究以及其他同类研究的结果与大众对动机、绩效的直觉认识是矛盾的。当然，这并不意味着外部激励手段是错误的。我们都会利用外部激励来完成各种活动，只是程度不同。我们的驱动力会随着情境而改变，也会随着时间的流逝而变化。但目前看来，外部奖励对内部动机具有直接的负面影响，这一点是毫无疑问的。1999 年，爱德华 · 德西和同事分析了 30 年间开展过的研究，共 128 个不同实验，得出了这一结论。[153]

这些结论是千真万确的吗？现代社会难道不正是建立在依靠外部奖励来创造业绩的基础之上吗？我们这些成年人当然要有钱挣才会工作，不是吗？当然没错。如前所述，从某种程度上来说，我们都是依靠外部奖励来驱动的，但并不是生活中的所有领域都如此。人们也可以转而依靠内部动机提供持久的能量，如果这种情况越来越多，我们将受益匪浅。

说到工作，丹尼尔 · 平克认为，无论主要的驱动力来自内部动机还是外部动机，我们都要依靠基本工资来维系生存。关键在于，我们是否认为和从事相似工作的其他人相比，自己得到的工资是公平的。如果我们认为自己得到了公正的待遇，日常生活也在正常运转，那么，被内部动机驱动的人就不会再担心钱的问题，一心扑在工作上；而主要被外部动机驱动的人则会继续关注自己的收入情况。关注点会对我们取得的成就造成决定性的影响。

有一个著名的难题：要将蜡烛固定在墙上，但不能让蜡油滴到下面的桌子上。许多人会用图钉来固定蜡烛，但这根本行不通。最终，大多数人会意识到，正确答案是掏空装图钉的盒子，并将盒子固定在墙上。

心理学家萨姆·格卢克斯伯格（Sam Glucksberg）开展了一项研究，希望了解奖励对人们解决上述问题的能力会产生什么样的影响。他使用了一种久经考验的方法。研究者将被试分为两组，向第一组被试提供报酬，要求他们尽快解决问题；第二组则不提供任何报酬。结果发现，在解决问题的时间上，有报酬的那组比另一组平均多花了 3.5 分钟。[154]

也就是说，外部奖励让我们更难专注于任务本身，这会阻碍我们进入能够出色表现的心流状态。想要真正成为某个领域的专家，内部动机也是必要的条件。举例来说，如果没有成为音乐家的热切愿望，就不可能成为钢琴演奏家。如果活动本身对我们来说没有意义，我们就不可能调动所需的精力、专注力、问题解决能力，让自己成为专家。

除此以外，研究还发现，以金钱、美貌、名望等外部奖励作为主要驱动力的人，心理健康水平更差。这些动机甚至可能与心脏病患病风险的升高有关。[155]

人的自主性和内部动机密切相关。外部动机往往代表着他人对我们行为的支配。有人希望你做某件事，于是给了你一笔钱，或是让你拥有某种社会地位，或是给了你其他由不得你来做主的奖励，以此作为回报。这样一来，你只是在完成别人的计划，自己的兴趣爱好必然会受到影响。反之，如果可以自由设置自己的目标，你就能根据自身的驱动力和能量来源来决定自己的行为，改为以内部动机来驱动自己。

不要用社交媒体量化生活中的重要时刻

使用社交媒体时，我们所做的所有事情都是为了获得外部奖励。做得好，就会有人点赞，这就相当于猴子得到了葡萄干；做得不好，就没有点赞。哪怕我们发布的内容非常重要，并且完全是在内部动机的驱动下做出来的，依然有人对此加以评判，评判标准就是点赞数。这就意味着，总有人在对我们进行精确的比较，我们的一举一动都会受到外界的评判。你的得分能让你准确地评估自己在社会地位方面得到的奖励。

希望自己的付出能够得到回报是无可厚非的。在你想要达成某个具体的目标时，量化的结果是非常有帮助的。问题是，你在社交媒体上得到的分数并不仅仅代表工作绩效。相反，打分和外部评价的对象也可能是你生活中的重要时刻，而且你认识的所有人都能看到这个分数。这些人会对你生命中的各个时刻进行打分，以此评判高下。如前所述，大量研究探讨了外部奖励是如何对人们造成影响的。外部奖励会暂时提高绩效，但代价却是削弱了内部动机。

在我们分享了生活中的重要时刻后，会发生什么呢？打个比方，假设分享的内容是爱情。如果一举一动都要受到外界的评判，那我们努力建立亲密关系的内驱力会受到什么影响呢？爱情很可能成为一桩差事，关系着我们是否成功。这样一来，我们就很难在这段亲密关系中获得心流。如果把注意力都集中在外界的奖励和评判上，我们也很容易忘记自己还有玩耍的本能。

工作情境中的外部奖励就是另一回事了。工作并不一定要依靠内在热情来驱动。如果工作让人难以忍受，我们大可以辞职不干，另谋出路。但是，如果精神生活长期受到外界的评判，我们的内驱力就会减弱，这时可没办法甩手走人。还有，如果我们经常发一些关于孩子的内容，希望得到外界的认可，简直难以想象这种做法会给寻求亲子关系的内部动机带来什么样的影响。

当我们在评判他人发布的内容时，不管点赞或不点赞，都有可能是在遵从大多数人的想法。有人研究过这种现象和社交媒体的关系。加利福尼亚大学洛杉矶分校的劳伦·舍曼（Lauren Sherman）及其同事让年轻人和人为操纵的 Instagram 订阅内容进行互动，以此研究他们使用 Instagram 的模式。

研究者可以决定每张照片获得的点赞数，但被试对此一无所知。结果发现，被试是否点赞主要和照片已有的点赞数有关，而与照片本身的内容关系不大。照片的点赞数越高，用户点赞的可能性就越大。同一张照片，如果点赞数减少了，选择不点赞的被试也会相应地变多。

在被试观看这些照片时，研究者也对他们的大脑进行了磁共振成像扫描。通过扫描发现，被试看到照片时，点赞数对他们的反应影响更大，超过了照片的实际内容。被试在看到大量点赞时，涉及奖赏加工、社会评估、模仿和注意的脑区都会变得活跃起来。[156]

还好，我们可以通过培养内在兴趣、发展人际关系来调整自己，提升内部动机的影响力，一切都为时未晚。不再给友谊打分并不等于戒断社交媒体或不再发布重要信息。只要驾驭了电子屏，我们就可以利用新技术来解决这一问题。

你有没有想过，如果这些无处不在的评分消失了，社交媒体会变成什么样？如果不再通过各种量化的手段来贬低他人，我们是不是就可以通过电子屏参与彼此的重要生活事件和人际关系了呢？这就是事情的奇妙之处，因为这些技术早就出现了，只是你可能没有听说过而已。现在，系紧安全带，做好准备，马上试驾一回，我保证你能获得神奇的体验。

我要介绍的是一款名为“Facebook 计数消除器”（Facebook Demetricator）的应用。一开始，这是一款数字艺术品，但很快就成了一种广受欢迎的工具，帮助人们更明智地使用电子屏。使用 Facebook 时，这个应用会隐藏所有的数字。你可以继续使用 Facebook 的所有功能，但再也看不到点赞的数量或别人的好友数量了。这个应用的开发者是本·格罗瑟（Ben Grosser），他是一位艺术家，也是大学教授。该应用完全免费，可作为插件应用在大多数网页浏览器上。[157] 只要搜索“Facebook Demetricator”，安装后即可使用。还有一个应用叫作“Twitter 计数消除器”（Twitter Demetricator），工作原理完全相同。

使用这类应用后，用户体验会立刻发生哪些改变呢？这比较难以形容。你马上就会变得更加专注于人们所分享的内容。这听起来好像很容易理解，实际上却并非如此，只有亲身体验后，才能领会其中的全部意义。你将真正理解原始脑区是如何被激活的：当有人评价了别人发表的内容后，原始脑区就会立即对此做出评估。大脑的高级皮层还没来得及对真正的内容进行思考，这些信息已经被传输到那些最古老的脑区了。根据部落成员对信息的接纳程度来评估信息是一种原始的求生本能。到了现代社会，我们的生存环境中充斥着大众对一切事物的评价，信息早已过剩。想要改变现状，根据人们表达的内容本身的价值来进行思考，就需要利用科技做出一些巧妙的限制。

我发现“计数消除器”这款应用的过程非常有趣。把它推荐给我的不是别人，正是前文中提到过的克里斯·丹西。他拥有世界上最多的联结，是生物黑客运动分支“自我量化”（Quantified Self）的主要发起人。自我量化强调对生活的各个领域进行测量，从健康指标到情绪再到心理状态，从而更好地对其进行评估和改善。我们说过，在新技术的帮助下，越来越多的生活领域得以被量化，以数字的形式呈现出来。

我也非常喜欢进行各种测量。如果希望实现某种绩效目标，或是改善某些健康问题，这种测量甚至是必不可少的。然而，如果把这种工具主义观点运用到生活的所有方面，包括你的真实自我上，就可能出现问题。这让我联想到“精神堕落”（spiritual depravation）这种说法。同时我也会好奇：长此以往，我们对人类价值的看法会不会受到影响呢？有的人声称自己非常喜欢自我量化，常常把自我量化的口号“通过数字认识自己”挂在嘴边，我对此一直不敢苟同。如果过度关注数量，就很容易忽视质量。对我来说，生活的质量永远比数量来得重要。

但我对克里斯·丹西深表佩服。他记录下来的生活数据比任何人都多，却拒绝量化每个人都在盘点的东西——社交媒体上的好友数和点赞数。显然，他已经看穿了一切，明白这种量化会影响我们对自己和他人的认知。如果友谊变成了互相点赞的交易，再好的朋友也会渐行渐远。

我突然意识到，自我量化最极端的践行者并不是生物黑客运动的某个分支，而是广大社交媒体的使用者。对交友和生活中的重要事件进行量化已成常态。我们仿佛都变成了最敬业的人际关系黑客，给每一次互动打分，还要学习如何提高分数。人类向来喜欢竞争，为社会地位奋斗是天经地义的。但和过去不同的是，我们如今参考的是实实在在的数据。这些数据会导致大脑不断进行比较，让人特别容易在意自己的表现，并开始用他人的评判眼光审视自己的行为，这样就很难拥有健康的玩耍心态了。

但是，如果我们对自己的驱动力有更多的了解，就能快速找到提升能量、耐力和快乐的方法。我说过，玩耍的定义就是暂时忘记别人对某种活动的看法和评价，认为活动本身比结果更重要。

在使用社交媒体的过程中，消除计数这样的智能科技解决方案能让我们轻而易举地展现出玩耍的态度。你只需要忽略其他人依然能看到数字这个事实就可以了。不论我们做什么，不管这些事情能不能被量化，总会有人评头论足。忽视他人的评判后，我们就自由了；而我们能做的就是增加自己的自由时间。这样一来，我们就更容易把注意力放在数字化沟通的质量，以及通过数字化沟通所传递的信息上了。

在电子游戏中边玩边探索

生活在越来越重视外部动机的文化中，我们似乎很难回归玩耍。不过，激烈的竞争、高难度的挑战也能成为快乐的源泉，推动我们前进。关键在于秉持一种玩耍的态度，否则，我们所做的一切就会变成无穷无尽的折磨。长此以往，我们必然会崩溃，变成困在跑轮里的仓鼠，不停奔跑，却找不到奔跑的意义。换言之，玩耍对幸福来说是至关重要的。

彼得·格雷（Peter Gray）是波士顿学院的心理学教授。他在线上期刊《今日心理学》（*Psychology Today*）上发表的一篇文章中指出，过去 50 ~ 70 年来的统计数据表明，年轻人出现抑郁症和焦虑症的比例正稳步攀升。[158] 这种发展趋势和战争、经济危机等社会事件似乎并不存在紧密关联。

然而，抑郁症似乎与个体对自身掌控生活能力的评估有关。从 20 世纪 50 年代起，人们也对这一数据进行了定期测量。尽管科技发展日新月异，但近年来的调查结果显示，人们对自身命运的控制感和影响力似乎正在逐年下降。这种发展趋势与我们的主观幸福感相关。

对此，格雷进行了更加深入的研究。他指出，有史以来，玩耍和自由探索都是儿童培养兴趣爱好、学习问题解决、掌控自己生活的方式。然而现在，自主式玩耍变得越来越少，由成人控制、监督、评判的玩耍则越来越普遍。这意味着我们夺走了孩子练习掌控自己生活的机会。我们自认为这是在保护他们、引导他们，但事实上这样做只会妨碍他们找到幸福、探索各种兴趣爱好，最重要的是，这样做制约了他们的自主性。过去，上学的时间并没有现在这么长，家长也很少监督孩子的课外活动。那么，玩耍的缺失是否就是导致儿童和年轻人这些年来出现心理健康水平恶化的主要原因呢？

在另一篇详细缜密的文章中，彼得·格雷把玩耍、自主性的相关观点同电子游戏联系了起来。[159] 他认为现在的孩子和以前大不相同了，他们最重要的自由探索活动并不是和小伙伴一起在户外进行的，而是在电子游戏的世界里展开。由于互联网的出现，电子游戏的社交作用比过去更显著了。在游戏中，孩子可以自由设置目标，不会受到成人的干预。为了克服挑战和阻碍，他们要制订长线计划，锻炼自己的决断力。游戏的目的是在玩耍的过程中变得强大，为了实现这一目标，孩子需要调动主动型注意、计划能力和合作能力。

与上述论点相悖，我们也应当指出，不同种类的游戏有着很大的差异。我们不能把花在不同电子屏上的时间相提并论，同理，对各类电子游戏也不能一视同仁。游戏种类繁多，有高级的策略游戏、自由探索的沙盒游戏，也有更类似于赌博的强制性游戏。

和社交媒体一样，游戏的某些功能很容易导致使用不当。例如，“舔盒子”（loot boxes）是为了鼓励用户通过花钱快速升级；“连胜”（streaks）是要让用户玩个不停；“每周奖励”（weekly rewards）是为了鼓励用户连玩好几天。

彼得·格雷提到了一些科学研究，用以展示电子游戏的积极作用。在 2018 年发表的一篇大规模系统性综述里，研究者回顾了 2000 年之后发表的所有有关动作游戏对智力影响的研究，由此得出结论，只需玩 10 ～ 30 分钟的游戏，就能对空间思维、注意力和思维灵活性产生重要的促进作用。[160] 但是，该研究也受到了批评，被认为具有偏向性。其他研究者对同一数据集进行了全盘分析，有些人发现了微小的促进作用，有些人则没有发现任何差异。[161]

我们先把格雷提到的这类简单的调查研究放在一边。也有人通过更严谨的实验研究证明了电子游戏的确可以提升我们创造性地解决问题的能力。这种改善作用似乎取决于游戏的类型。

2019 年，有人发表了一项设计巧妙的研究，共有 352 名美国学生参与其中。他们被随机分成 4 组。第一组在不受任何限制的情况下玩了《我的世界》（*Minecraft*）；第二组玩的游戏相同，但需要按照指示操作；第三组玩的是赛车游戏；第四组看电视，作为控制组。

游戏结束后，被试接受了创造性测试。在不受限制的情况下玩过《我的世界》的被试明显比其他各组被试的成绩更好。在个体水平上，玩游戏的方式也带来了显著差异，创造性和个人的游戏习惯有关。[162]

格雷还就游戏成瘾问题提出了一个有趣的观点。[163] 游戏成瘾是一个很复杂的问题，现有研究还不足以得出结论，所以正反双方的观点我们都会讲一讲。格雷认为，美国精神医学会（American Psychiatric Association）制定的游戏障碍诊断标准本身就有问题。

这套诊断标准共 9 条，其中 5 条都可以用在任意一种活动的狂热爱好者身上。有一条标准的描述是“即使没玩游戏，也一心想着玩游戏”。如果有人热爱足球，自然也会总是想到足球，希望下个训练日早点到来，但没有人会因此就被诊断为患上了“足球障碍”。还有一条诊断标准是“为了游戏放弃其他业余活动”。然而无论我们的兴趣爱好是什么，都一定会进行优先级的排序，因为每个人的业余活动时间都是有限的。

但是，也不能因此就忽视其他诊断标准。有些标准的确指出了游戏给生活带来的实打实的负面影响。对年轻人游戏行为的调查发现，9 ~ 16 岁的男孩中，有 30% 的人认为自己花了太多时间来玩游戏，[164] 这一结果导致很多人开始反对把游戏视为一种兴趣爱好。如果希望获得幸福、在生活中谋求平衡，适度原则是最好的策略，它适用于所有的兴趣爱好。如果有这么多人都认为自己应该少玩游戏，但又缺乏自律，难以控制自己，那我们就有充分的理由相信，游戏的确会导致问题。

我们常常通过各种媒体了解到一些骇人听闻的故事，比如电子游戏跟尼古丁或可卡因这类成瘾药物一样会影响大脑，格雷也对这一观点发表了看法。该理论涉及分泌神经递质多巴胺的脑区。的确，在服用药物和玩游戏的时候，大脑都会分泌多巴胺，但很少有人提到，在我们因为任何事情感到快乐时，大脑也都会分泌多巴胺。电子游戏研究者帕特里克·马基（Patrick Markey）教授和克里斯托弗·弗格森（Christopher Ferguson）教授在他们的著作《道德之战》（*Moral Combat: Why the War On Violent Video Games Is Wrong*; BenBella Books, 2017）中介绍了很多这样的故事。他们还指出，人们在游戏状态下的多巴胺水平是静息状态下的两倍，和人们吃下一块比萨或一碗冰激凌带来的多巴胺峰值水平相当。从这个角度来说，游戏的好处在于它不含卡路里。但是，如果服用了安非他命或可卡因之类的药物，多巴胺水平将升高 10 倍。如果不想让这个天然的大脑快乐网络激活，我们就必须放弃所有有趣或令人快乐的事。显然不会有人想这么做，也不可能有人真正做到。

换句话说，就算你花了很多时间玩游戏，也并不一定就是游戏成瘾。但游戏的确会让某些人备受折磨又无法自拔，这是不可忽视的事实。2016 年，挪威研究者开展了一项高质量的缜密研究，结果发现在游戏玩家中，大约有 1.4% 的人是成瘾者，而其他研究数据则从 0.6% 到 6% 不等。很多人并没有被诊断为游戏成瘾者，但这也并不意味着电子游戏不会带来问题。

最后，我希望我们能以开阔的眼界来看待电子游戏。对某些人来说，它是一种自主玩耍的方式，具有非常重要的作用。在当今社会，能够让孩子在没有大人的指导和评判的情况下设定自己的目标、探索自己的兴趣是非常难能可贵的。

但我们也要记住，游戏的作用也可能会发生改变，不再是补充能量的加油站，而是问题的来源。孩子的奖赏系统通常会更加敏感。如果因为某些原因，他们在调整情绪或控制冲动上遇到了困难，就必须得到更多的支持，帮助他们找到适当的平衡点。对于成年人来说，也有些人在面对超常刺激的时候束手无策，他们也需要更加谨慎。这种人最好选择其他玩耍方式，或者最起码要提高门槛，只选择高质量的游戏和特定的游戏类型。

游戏化的生活

虽然有关电子游戏的研究结果远未达成共识，但对大多数人来说，只要能够驾驭电子屏，玩电子游戏就能有所收获、得到快乐。关键是要在生活的各个领域之间找到恰当的平衡点。我要再次强调：想要驾驭电子屏，就必须密切留意自己在没有使用电子屏的时候会做些什么。本书里的 9 条健脑秘诀可以帮你把这些落到实处，你甚至可以逐条实践，赢得大脑积分。如果把不同的健脑秘诀结合运用，说不定电子游戏还能赋予你真正的超能力呢！

的确有人认为这是可能的。游戏化（Gamification）这个概念已经流行多年，其支持者主张利用电子游戏的力量，将游戏的原理应用到软件设计中，帮助人们学习不同科目的知识，或是让枯燥乏味的差事变得有趣。游戏化最普及的应用领域是教育，其次是健康。但它是一把双刃剑，时间久了，就会利弊互现。

必须指出，在这种“超级方法”问世之初，许多人都认为它会产生神奇的效果，但目前这种效果仍未显现。2019 年发表的一篇大规模研究总结了 819 项有关游戏化的科学研究，得到的结果不尽相同。在设置了对照实验的研究中，得到积极结果的只占 29%；好坏参半，但积极结果略占上风的有 47%，还不到一半；好坏参半，但消极结果占上风的有 18%。[165]

有关内部动机与外部动机的知识能帮助我们理解游戏化的概念，并更好地利用游戏化的优势。通过增加学习内容的趣味性、刺激性和挑战性，能够强化内部动机，带来神奇的学习效果。但另一方面，游戏化也可能成为外部控制的又一种途径。如果游戏只是在用户解决了数学难题后，就发给他们虚拟的小星星作为奖励，学习数学的内部动机反而会被削弱。这种游戏设计只能进一步证明数学毫无乐趣、无关紧要，让学习者只关注那些闪闪发亮的五角星。

游戏设计师简·麦戈尼格尔（Jane McGonigal）是游戏化领域

的研究者，同时也是该领域的无冕之后，她也认同这种观点。她曾表示：

> 我并不赞同利用游戏让人们去做自己不喜欢的事。如果游戏的目的和人的内部动机并不一致，就不会有任何效果。[166]

麦戈尼格尔患上严重脑震荡的时候，已经在游戏界声名鹊起。几个星期过去了，晕眩、头痛、口齿不清等症状还是没有出现好转的迹象，她变得消极，产生了轻生的念头。对她来说，唯一的解决办法只有把对抗病魔当作一场思维游戏。她让家人和朋友每天给她布置一项小任务，例如欣赏窗外的风景，或是比昨天多走几步路。她开始扮演一个自己想象出来的角色，名叫“脑震荡杀手”，并开始累积分数。她要和各种导致症状加剧的敌人斗争，例如咖啡，还要寻求结盟，帮助自己完成挑战。

麦戈尼格尔痊愈后，把这个项目开发成了真正的网络游戏，她希望这个游戏能帮助、激励人们用同样的方式应对生活中的各种挑战。这个游戏叫作《游戏改变人生》（*Super Better*）。麦戈尼格尔还写了一部同名著作，在书中建议大家利用电子游戏来应对日常生活。为了实现游戏中的目标，玩家必须培养和完善自己的精神耐力、问题解决能力、合作能力和创造性。

电子游戏的世界也为人们提供了边玩边探索不同角色的机会，甚至还能让人的性格展现出新的一面。如果我们将同样的逻辑应用在平时面临的各项挑战中，就会获得新的启发。秉持这样的心态，我们甚至可以在与电子屏无关的任务中创造出英雄般的壮举，解锁新的水平，不断升级。麦戈尼格尔认为，关键是要有意识地养成并保持这种玩耍的心态。

对我个人来说，《游戏改变人生》这本书有一种美式励志文学的肤浅和空洞。或许我还算不上是个游戏玩家，但我显然不可能因为喝了一杯名为“威力升级”的水就变得精力充沛，也不可能因为接到了去网上找可爱狗狗来看的“任务”就改善情绪。也许这就是我无法完成读完这本书这一任务的原因。还好，我平时也经常玩游戏，这点挫折不至于让我沮丧。在这种情况下，我会把自己“传送”到下一级，读点儿其他的东西。

也就是说，我的确认同麦戈尼格尔的核心观点。玩耍的心态似乎有一种魔力，能帮助人们获得意想不到的结果，这是不可否认的。小时候玩电子游戏的经历是一段温馨的回忆，毫无疑问，这些经历对我的成长具有重要的意义。现在，我又获得了和孩子们一起重新探索它的魔力的新机会，作为成年人，电子游戏的世界依然可以给我带来启发。

玩游戏不仅让我获得了扎实且受益终生的电脑知识，也带来了其他好处。我最喜欢点击式冒险游戏。在这些充满想象力的故事中，有许多有趣的角色，玩家需要解开各种谜团，完成各种任务。在某处捡到的一个物品也许乍看之下毫无意义，但在后续的某个环节可能就会发挥出惊人的作用；某段对话中的闲聊似乎也无足轻重，却有可能成为破解谜题的关键。不管任务有多困难，你总能找到突破口；不管事情多么微不足道，总有其发生的原因。

我慢慢意识到，电子游戏影响了我整个世界观的形成。玩过的游戏让我整装待发，踏上了人生的冒险之旅。这是一场盛大的冒险旅程，拥有最顶尖的游戏体验——逼真的三维图像、扣人心弦的故事情节、深度沉浸式的操控感。现实世界就是一个功能强大的操作系统。把玩耍的心态带入日常生活后，我开始清楚地认识到，这场冒险的背后有一条主线，每件事都有其特殊的意义。所有重要的问题都能找到解决办法，这一定会是一个精彩的故事。我并不能单枪匹马地解决所有问题，但总能在身边找到能够提供帮助的角色，也总有合作的机会，促使我更进一步。

本质上，这就是一种朴素而简单的人生态度。我们并不需要把生活搞得很复杂。我会有意识地提倡这种世界观，因为这样做能带来好处。我一直坚信，人类终有一天能够破解学习的秘密，也一定可以开发出真正的超能力。几年后，我成功解锁了记忆大师的头衔，然后又一次次地升级了自己的写作能力。

我也同样深信，只要一步一个脚印，我们就一定能驾驭电子屏。不过，想要实现这一目标，还必须勇于创新，探索未知之境。没人知道创新会引领我们去往何方，但我知道，不管终点在哪里，它一定会出乎我的预料。和家人聊天时一句稀松平常的话，也许就会起到关键的作用，让家庭生活变得圆满，然后发展成本书的一个章节。

虽然思维超能力和电子屏使用策略都是存在于现实世界之中的生活技能，但是其实，想要在家里扮演好男人和丈夫的角色才是最难的。每天我都会尝试完成各种各样的任务，大多数都以失败告终。和我预想的不同，其实这更类似一种动作游戏。不过，只要我能保持适度的专注，魔法就不会消失。在这种情况下，最简单的手法反而变成了最重要的东西。虽然我屡战屡败，但每天早上依然可以在昨晚暂时失去意识的那个环节原地“重生”。

这本书算是一个“读书游戏”，希望它能帮助你顺利踏上人生的冒险旅程。不管大脑积分对你来说能否起到激励作用，我只是希望你能拥有更多的选择，在日常生活中找到更好的平衡点，尽管人们或多或少地曲解了“平衡”这个词。在每条健脑秘诀上取得的每一点进展，都能让你解锁以往不曾拥有的新技能，获得新的机会。这样一来，一加一就等于三了。把所有必要的拼图组合在一起，你也许还能在生活中解锁更高级的未知领域。

又或许，你会发现自己已经知道了需要知道的一切。这个世上没有真正的秘密或魔法，你的日常生活也没有任何特别之处。关键在于你所秉持的世界观。

总之，如今的你已经能够成为生活的主人了，想去哪里就去哪里。实现这一点并不麻烦，但还是需要一些努力。没人能控制你，你的人生完全由你自己做主。另一方面，不管在什么情况下，你能控制的也只有自己。但你并非孑然一身。不管我们做什么，问题总会层出不穷，每个人都得同魔鬼斗争，但幸运的是，我们总会找到帮手，也总能建立新的联盟。

大脑积分自评

初级

☐ 找出能给自己带来快乐的不同身份，至少想三种，把它们写下来。针对每一种身份，至少写出一句话，表明你打算采取什么样的具体行动来强化该身份。完成后，得 1 分。

☐ 写出三个你关心的领域，你希望自己能在这三个领域中拥有更多内部动机的驱动力。在这三个领域，你希望达成哪些与他人的认可无关的目标？为了获得更强大的内驱力，你会如何完成这些目标？

☐ 幽默是生活中的重要成分，你生活中的幽默从何而来？请写出你将如何为生活注入更多幽默。实际完成两次后，得 1 分。可以把前文介绍的 4 种玩耍态度作为切入的线索，思考自己最认同哪一种。

☐ 选择一个对你来说内部动机尤为重要的领域，注意不要在社交媒体上公开发表有关该领域的内容，而是选择一对一的方式进行分享。坚持两周后，得 1 分。

☐ 选择一个对你来说无法承受失败的领域。思考一下，是否可以用更类似玩耍的心态来面对它呢？至少写出 10 个句子，谈谈如何通过练习，让自己的心态更放松。就像在游戏世界中一样，我们必须勇于尝试，百折不挠。首先，可以写出你认为 10 年后的自己会如何面对这种情形。

高级

☐ 写出三种你真心喜欢的玩耍方式。如果想要弄清玩耍对你的意义，可以用玩耍的六大分类来帮助思考。用你写下的三种方式来玩耍，每种方式至少一次。完成后，得 1 分。

☐ 如果你是 Facebook 或 Twitter 的用户，请使用计数消除器 1 个月，看看它会如何影响你的用户体验。请记住，你依然可以看到所有发布内容，不会错过任何重要信息。

☐ 看到朋友在社交媒体上发布了特别重要的信息时，请直接联系这位朋友，而不是仅仅点赞或发表评论。给朋友打电话，如果没人接就留言。看看这样做会不会导致朋友的回应更加深入。完成两次后，得 1 分。

☐ 找出自己喜欢的电子游戏，帮助自己培养玩耍的心态。在游戏中，你有没有学到什么东西，给你留下了深刻印象，并可以运用到现实生活中？玩两次游戏后，得 1 分。如果可以，最好找人一起玩。如果你玩游戏的时间已经很多了，则应该把注意力放在如何把这些从游戏中学到的东西应用于现实生活上，给自己设计一个任务。如果你花在游戏上的时间过多，那最好戒掉它。成功后，得 1 分。

□ 你有没有哪种想要尝试的兴趣爱好，是需要精细运动技能、需要用到双手，且符合玩耍的标准的？例如演奏乐器、制作物品、画画、雕塑、书法。在不同场合下完成两次相同活动后，得 1 分。

□ 深入探索生活中的某个领域，最好是全新、未知的领域，这样才能真正满足你的好奇心。例如，可以是人际关系、心理学或哲学。不用搞得太复杂，轻装上阵即可。研究同一课题满两次后，得 1 分。

结语

电子屏是否应该存在这个问题早已解决，没有必要继续争执不休了。如今，全球局势步入了一个新阶段，人们待在家里的时间更长了，因此，电子屏对工作和维系重要人际关系的作用也越来越重要了。现在，我们要讨论的是如何更好地利用这些新技术。一旦提升了利用电子屏从事各种活动的质量，生活的诸多领域都能得到立竿见影的改善。换句话说，从学习的角度来讲，当下最好的投资就是学会驾驭电子屏。

许多生活领域都会用到电子屏，因此，需要我们利用计划来加以管理的领域也比从前更多了。生活并不会因此变得复杂，反而会更加简单。而且这些策略并不难学，每个人都能学会。执行这些策略将令我们受益匪浅。

当然，刚开始的时候，总会觉得有点不习惯，要在多个不同领域尝试新的行为习惯也会让人感到喘不过气来。不过，我们没必要一蹴而就，也做不到一蹴而就，就算做到了也很难长期坚持。放弃追求完美是第一要义。理想和方向是重要和有益的；但如果坚持认为生活应该完美无缺，碰到的麻烦可能会更多。由于永远无法实现目标，我们会始终觉得自己是个失败者。一次专注一件事是最好的，我们应该追求质量，而不是数量。

要想成为生活的主人，就要为不完美的自己负责。正视自己的一切，缺点也好，不完美也罢，都要努力接受。正是因为它们的存在，我们才能成为独一无二、有血有肉的人。有了这种想法，生活也会变得有趣得多。理想在召唤我们、鼓舞我们；在坚持理想的同时，我们也可以感受到自己是一个完整的个体。

以开放的心态面对不同领域中的各种选择还有一个好处，那就是能让我们自信满满地涉猎各个领域。要是在某一条健脑秘诀上遇到了瓶颈，止步不前，我们大可以把它搁置一旁，先看看其他健脑秘诀。没必要因此批判自己，你只是在打开更多扇门，说不定还可以另辟蹊径，突破前一条的瓶颈。再说了，谁愿意日复一日、年复一年地过着完全相同的生活呢？

我们还应该认识到，我们不可能掌控一切，不管是对自己、对别人，还是对身边发生的事，这一点都适用。学会了接受这种失控感，我们也就可以欣然接受自己和周围的人并不完美的事实。不管是使用电子屏还是放下电子屏，我们都有可能犯错，这在生活中是无法避免的。

一边追求绝对控制，一边想要活得创意满满、硕果累累，也是不可能的。尝试新事物的时候，我们必然会遇到各种未知。只要接受了这一点，我们就能体会到不知道未来即将发生什么的兴奋了。

希望我已经成功地让你明白，运用这 9 条健脑秘诀驾驭电子屏并不是一件枯燥乏味、让人束手束脚的事。希望我的直言不讳能够让你意识到：每个人都需要学习更多的知识，大胆创新，尝试生活中的新鲜事物，然后再对这一切进行评估，如此周而复始。

好奇心和探索欲是获取新知识的最佳途径。只要把新的想法付诸实践，就可能带来令人惊叹的结果，让不可能变成可能。

现在，轮到你在生活中迈出下一步，把电子屏变成任你支配的工具了。真正的冒险之旅即将开始。

祝你一切顺利！

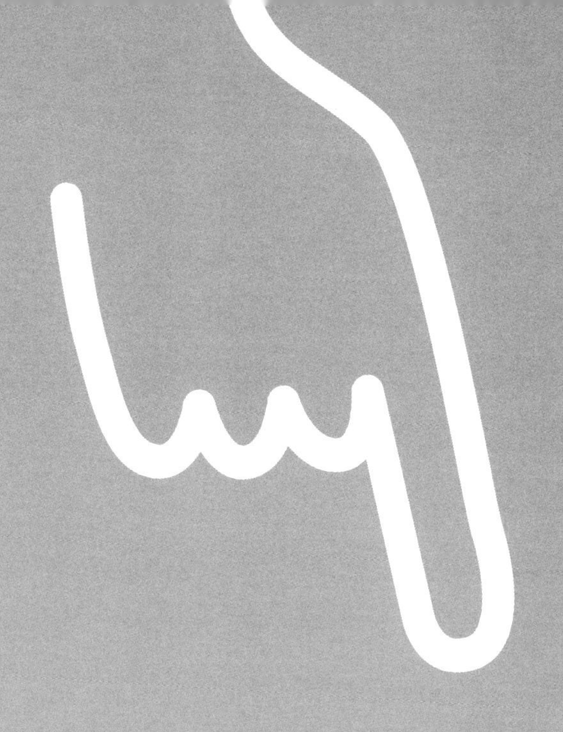

参考文献

尊敬的读者，由于本书参考文献众多，篇幅较长，为了节省印张，也出于环保的考虑，特此制作了参考文献的电子版，请用微信扫描左侧二维码查阅。

译后记

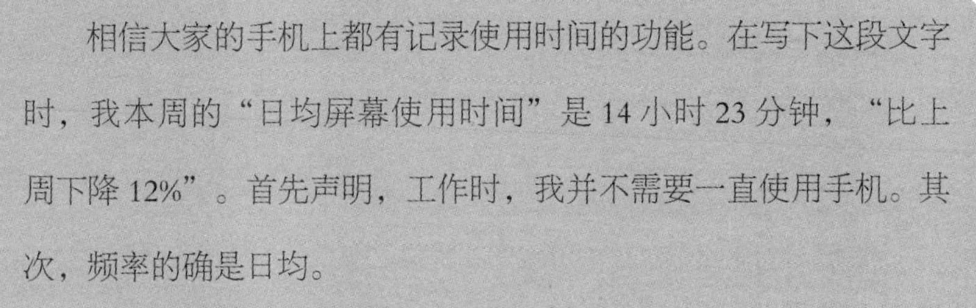

相信大家的手机上都有记录使用时间的功能。在写下这段文字时，我本周的“日均屏幕使用时间”是 14 小时 23 分钟，“比上周下降 12%”。首先声明，工作时，我并不需要一直使用手机。其次，频率的确是日均。

和大家分享一下我看到这个数字后的“心路历程”。一开始，当然是怀疑和否认。一个每天睡眠 6 ～ 7 小时，工作 8 小时，且工作时并不需要不停使用手机的成年人，竟然会日均使用手机 14 小时以上？我心里咯噔了一下，仿佛有块巨石坠入了平静的湖泊，掀起滔天巨浪。虽然极度怀疑，但我真心认为机器不会骗人，它应该是这个世界上最不偏不倚的记录者。我一边告诉自己就算没有玩手机，只要屏幕点亮也会被计入“屏幕使用时间”，一边决定接受这串数字，也接受自己过于沉迷手机的事实。我羞赧、懊悔、愧疚，憎恶手机像个黑洞，吞噬了自己的时间。接下来，我开始起誓、立 flag，摆出一副痛定思痛、下定决心改头换面的架势。而这种洗心革面往往只能维持几小时甚至更短的时间。上一秒，我的双手还放在键盘上，眼睛还盯着电脑屏幕；下一秒，因为网页加载缓慢、程序卡顿、思路卡壳，甚至无需任何理由，只要出现了一瞬间的空隙，黑洞就能悄悄演化成型。神不知鬼不觉地，我低下了头，伸出了手指，玩起了手机。这 14 小时 23 分，不就是由无数次的低头和抬头累积而成的吗？很快，14 小时 23 分在颅内引发的地震已然归于平静。那块巨石掀起的波浪也早已寻不着任何涟漪。现在的湖泊，平静得像一面镜子。

所以，看到 14 小时 23 分前后的那两个我，是同一个人吗？

显然，我的行为并没有发生实质性的改变，但我对自己的觉知一定或多或少地改变了。正如我刚刚所说：无数次的低头和抬头累积成了 14 小时 23 分；同理，一遍又一遍地认识到自己三分之二的人生都被手机吞噬了，也应该足以带来些许的改变吧？

未经审视的生活是不值得过的。我认为本书最大的意义，就是给大家提供了一个自我审视的机会。对我来说，是发现 14 小时 23 分；对你来说呢？我相信每位读者在读完这本书后，最起码都能获得一个关于自己的新发现。从大学时期到现在，我一直认为："觉知"是一个人从被动变为主动的第一步。承认自卑、发现原生家庭的不完美、认清自己的心理防御机制……这些认知上的改变不一定会导致行为改变，但没有认知改变，行为改变更是纸上谈兵。有了"觉知"，书里所说的"自己来掌舵"和"拥有更多选择"就有可能实现。没有觉知，才是真正的浑浑噩噩。

这本书不仅鼓励大家去审视、反思自己，改变认知，也提供了改变行为的策略和可操作的方法。跟大家分享我的两条心得体会吧。

第一，是番茄工作法。早在读本科的时候，我就在一位同学的例行分享中听说了它。那是我第一次听说番茄工作法，那位同学的姓名我到现在都还记得清清楚楚。后来，在研究生毕业那一年，我又在实习单位的图书借阅室里发现了介绍番茄工作法的小册子，原来它的受众不仅限于大学生。粗略一算，距离第一次听说番茄工作法已经过去 10 年了。所以，在翻译到番茄工作法这一章节时，我的内心独白只有两个字：就这？乍看之下，这本书充盈着浓厚的"前沿感"和"科技感"，但作者打算重磅介绍的内容竟然是我 10 年前就听说过的番茄工作法？我的心中油然升起一种不以为意。不过，我和番茄工作法虽然相识多年，但也仅仅止步于此。就像生活在同一个社区的街坊邻居，偶尔会在楼下遛弯儿的时候打个照面，却从来没有聊过天、交过心。

所以翻译这本书的时候，是我第一次真正使用番茄工作法。翻译是一项非常“直球”的工作，每分钟翻译多少个字，很容易通过记录和计算得到实实在在的数据支撑。作为译者，从翻译完第一本书那时起，我就开始认识到记录翻译字数的重要性，并逐渐形成了记录的习惯。这一回，我记得尤其认真。在此，我毫不夸张地向大家报告我使用番茄工作法前后的结果对比，最大的差距达到了近1:2。换句话说，在最好的情况下，番茄工作法让我的工作效率提升了一倍。

我并不想纠结于“为什么不早一点使用番茄工作法”的分析、反省，只想通过自己的例子告诉大家，这种方法的确有效，值得一试。如果你也跟我一样，屡次跟它擦肩而过，不要紧，“现在的每一天，都是你我余生中最年轻的一天”。

当然，我还要以自己的亲身经历，向计划尝试番茄工作法的读者强调一点：千万不要把手机当作计时器！因为手机随时都可能变成黑洞。

第二，说说默认模式网络。这6个字听起来非常高端，但在我的理解里，就相当于精神放空吧。我不禁回忆起中学时代，那时，我很喜欢坐在公交车上放空，呆呆地望向车窗外。车窗就像一个取景器，随着车辆的行进，不断定格各种场景，这些场景就像是不同的化学原子，毫无规律地漂浮着、碰撞着，令我产生了天马行空的想象。现在回忆起来，那是个美妙的黄金年代。那时，我没有手机。而现在，不管是坐公交车还是坐地铁，对我来说，都只是“换个地方玩手机”。那些思绪纷飞的旧时光早就一去不复返了，如今唯一还能放空的时间，就只有洗澡的时候了。庆幸吧，人类还没发明洗澡时也可以操作的手机或操作系统。虽然电影里出现过安装了电子屏的洗手间，但毕竟尚未普及。或许到了下一代、下下一代，电子屏就会无处不在了。人类即将在电子屏的世界里无所遁形。

读过默认模式网络这一章节后，我开始注意到：洗澡的确是我一天中为数不多的可以萌生各种点子、进行深度思考的场合，许多有价值的想法都是在洗澡时“自动”出现的。值得一提的是，因为我以前并不知道默认模式网络，所以也就从来没有主动留意过这种现象。这也是一种“觉知”的体现吧。进一步审视生活后，我发现除了洗澡以外，种花时，我也可以几十分钟乃至一两个小时不碰手机，而且心里不会有任何“痒痒感”。

但是，除了这两个活动，我再也找不出第三个能让自己远离手机的场景了。这一发现吓了我一大跳。如果说洗澡时不能使用手机是客观条件使然，那种花时不使用手机是不是一种主观能动性的体现呢？是因为我对种花的热爱超过了手机黑洞的引力吗？既然主观能动性是有用的，那我们也一定可以像本书传递的理念那样，创造更多“不使用手机”的场景。

上一段描写的种种即为我的心路历程：首先，通过这本书，认识了默认模式网络的存在，知道了它的价值；然后，开始留意生活中的默认模式网络，并思考促成默认模式网络的原因；接下来，启动逆向思考，尝试主动创造默认模式网络。这一过程，就是知识和“觉知”带来的改变吧。下一步，我打算把默认模式网络和书里介绍的有氧运动结合起来，在毫无缘由地停止游泳一两年之后，重新把游泳作为一种日常。

和以往不同，现在，游泳对我来说就不仅仅是体育锻炼了，还多了激活默认模式网络的功能。当然，想要实现这个功能，就不能佩戴防水智能手表了。其实三天以前，我已经下水了。的确是太久没有游泳了，以至于我今天抬手臂的时候依然感到肌肉酸痛！

在上述两方面，本书的确给我带来了认知的改变和行为的改变。希望大家也能通过阅读本书，找到自己感兴趣的切入点，改变自己的生活。鸡汤还是原来的配方，但依然要温柔地给大家灌上一口：

现在的每一天，都是你我余生中最年轻的一天。

我的邮箱：sijiandaoli@qq.com。欢迎来信交流。

最后小声说：写完这篇后记时，我本周的“日均屏幕使用时间”已经增加到了14小时47分……

2022年5月29日

写于重庆

Skärmsmart
by Mattias Ribbing © 2020
This edition arranged with ENBERG AGENCY AB
through Andrew Nurnberg Associates International Limited

The English version is translated by Jan Salomonsson

中文简体字版专有权属东方出版社
著作权合同登记号 图字：01-2022-2108 号

图书在版编目（CIP）数据

驾驭电子屏：国际记忆大师的9条健脑秘诀 /
(瑞典) 马蒂亚斯・里伯 (Mattias Ribbing) 著；李婷
燕译. -- 北京：东方出版社, 2022.8
书名原文: Skarmsmart

ISBN 978-7-5207-2845-4

Ⅰ. ①驾… Ⅱ. ①马… ②李… Ⅲ. ①数字技术—电
信设备—关系—记忆术—通俗读物 Ⅳ. ①B842.3-49

中国版本图书馆CIP数据核字(2022)第110593号

驾驭电子屏：国际记忆大师的9条健脑秘诀
(JIAYU DIANZIPING: GUOJI JIYI DASHI DE 9 TIAO JIANNAO MIJUE)

作　　者：［瑞典］马蒂亚斯・里伯（Mattias Ribbing）
译　　者：李婷燕
策　　划：王若菡
责任编辑：王若菡
封面设计：谢　臻　谭芝琳
出　　版：东方出版社
发　　行：人民东方出版传媒有限公司
地　　址：北京市西城区北三环中路6号
邮　　编：100120
印　　刷：北京明恒达印务有限公司
版　　次：2022年8月第1版
印　　次：2022年8月第1次印刷
开　　本：880毫米×1230毫米　1/32
印　　张：10.75
字　　数：187千字
书　　号：ISBN 978-7-5207-2845-4
定　　价：59.80元
发行电话：（010）85924663　85924644　85924641
